科学新经典文丛

LIGHT OF THE STARS

Alien worlds and the fate of the earth

外星世界与地球的命运

[美] 亚当 · 弗兰克 (Adam Frank) 著

易如 译

人民邮电出版社

北京

图书在版编目（CIP）数据

星光 ：外星世界与地球的命运 / （美）亚当·弗兰克（Adam Frank）著 ；易如译. -- 北京 ：人民邮电出版社，2020.10
（科学新经典文丛）
ISBN 978-7-115-53874-1

Ⅰ. ①星… Ⅱ. ①亚… ②易… Ⅲ. ①行星—研究 Ⅳ. ①P185

中国版本图书馆CIP数据核字（2020）第169018号

版 权 声 明

◆ 著　[美]亚当·弗兰克（Adam Frank）
译　易 如
责任编辑　杜海岳
责任印制　陈 犇
◆ 人民邮电出版社出版发行　北京市丰台区成寿寺路 11 号
邮编　100164　电子邮件　315@ptpress.com.cn
网址　https://www.ptpress.com.cn
大厂回族自治县聚鑫印刷有限责任公司印刷
◆ 开本：880 × 1230　1/32
印张：6.5　2020 年 10 月第 1 版
字数：101 千字　2020 年 10 月河北第 1 次印刷
著作权合同登记号　图字：01-2018-7359 号

定价：45.00 元

读者服务热线：(010)81055410　印装质量热线：(010)81055316
反盗版热线：(010)81055315
广告经营许可证：京东市监广登字 20170147 号

内 容 提 要

关于外星人或者更准确地说是外星生命，长期以来存在着两种不同的观点：乐观主义者认为宇宙中“存在着无数个跟我们一样或不一样的世界”；而悲观主义者确信不存在其他的世界，更确信不存在另外一个跟地球一样的世界。

随着观测技术的发展，科学家对系外行星的了解越来越多，越来越深刻。今天，他们有了更好的理论、工具和技术来探索外星生命这一重大议题。在本书中，天体物理学家亚当·弗兰克追溯了从古希腊人到现代思想家、科学家对这一问题的思考。他证明，认识到外星生命存在的可能性可能是使我们免受气候变化影响的关键，因为其他行星上可能存在的生命能告诉我们自己将来的命运。这应该是寻找外星生命的真正意义所在。

献给我的姐姐伊丽莎白·弗兰克以及我们漫长而又未知的人生道路。我非常感激你，你的幽默、果敢以及我们在道森营结下的深厚友谊一直陪伴着我。

目　录

引言　人类文明与地球

宇宙少年

在我的脑海中出现了这样一个房间，里面挤满了各色各样的年轻人，有一些椅子松散地围成了一圈，空气中弥漫着一种廉价清洁水的味道和一种骚动不安的情绪。孩子们大多数处在十七八岁的年纪，有些人瘫坐在椅子上，装出一副疲惫不堪的样子；有些人则将身体前倾，侧耳聆听着——他们来这里讲述自己的故事。一个16岁的女孩穿着一件印有黑色安息日摇滚乐队的T恤衫，指甲上的黑色指甲油已有些剥落，她因为在就读的高中进行毒品交易而前途未卜。一个手上文有不雅文身的男孩骨瘦如柴，他曾因为偷开了祖父的车去兜风而被捕。所有来到这个房间里的人都犯了些事儿，虽然他们已经到了足以掌控自己人生的年龄，但是都做出了非常糟糕甚至是毁灭性的选择。

每个孩子都得轮流讲述一下自己来到这里的原因。有一些人来自支离破碎的家庭，也有一些人陷入了深深的孤独和不安之中。但是在讲述自己故事的时候，有些孩子的眼中会有一丝亮光一闪而过，他们有了之前未曾有过也不能想象的感受：

他们并非孤身一人，他们也不是第一个。

这种围成一圈交流经历的方式给了他们一个机会，让他们觉察到并不是只有自己才是这样，他们的个人经历也并非那么独特，处在这个年龄段的其他孩子也曾经犯过同样的错误，但是有些人已经摆脱了困境，还有些人从中得到了成长。

我们，拥有着自己文明形态的现代人类，就像这些年轻人一样。

被我们称为“文明”的这项庞大工程大概开启于1万年前——当末次冰期结束，我们这颗星球的气候开始变得温暖而湿润的时候。随即而来的则是，我们之中的有些人停止了四处迁徙，开始建立村庄定居下来，在简陋的小型茅草屋和仓库周围开垦土地。我们开始种植大米和其他谷物，还驯化了牛和羊。在旧有的围猎生活方式之外，我们又创造出了一种崭新的生活方式，这就是农业生产。它让我们开始以一种与以前截然不同的方式去理解自己和这个笼罩在星空之下的家园。当一些村庄开始发展成为最初的城邦时，文明的进程进一步加速，人类发明了新的灌溉技术，学会了冶炼金属，通过书写来保存信息。在喧闹不息的市场中借助充满冲突的交易，出现了专业化的劳动，有些人成为磨坊主，有些人成为皮匠，有些人成为士兵，还有些人成了管理者。其中有几个智慧超群的人，他们的职责便是仰望星空。总而言之，人口的数量在稳步增加，到基督诞生后1000年（公元1000年）的时候，地球上就已经有了3亿人口[1]。大概在公元6世纪之前，我们就开始建立一种新的认知世界的方式，随之而来的就是一个思想蓬勃发展的时代。我们找到了一种直接探索自然界奥秘的方法，这就是我们现在称为科学的东西。通过它，人类的能力变得更加强大，我们能够制造更大且相对更加安全的船只横渡大洋。公共卫生和医学的进步让人类的寿命更长，农业机械的发展使我们摆脱了饥荒，于是人口呈爆炸式增长。到 19 世纪上半叶，地球上人口的数量就突破了 10 亿大关[2]。

人类文明进程中最重要的几个发现都是在那几个具有里程碑意义的时代里获得的。借助新建立起来的科学体系所创造出来的丰硕成果，我们知道了如何开采矿物[3]。在席卷全球的工业革命的浪潮中，我们将上亿年间以煤炭和石油形式存储起来的太阳能挖掘出来。人类的能力似乎能够这样永无止境地增长延伸下去，就连这颗星球上最为偏远的陆地和海洋都能触及。到了公元 2011 年，仅仅在人口数量达到 10 亿的 200 年之后，人口数量就已经攀升至 70 亿[4]。今天，即使一个中型现代城市里的人口数量也已经超过了农业文明晚期之前全球的人口数量。利用科学以及它的产物——技术，人类探索了整个地球。我们为地球的每一个角落都绘制了地图，人类已经无所不在。今天，在任何一个时间点上，都有 50 万人在地球上空飞行[5]。

人类文明的进程就这样一路高歌猛进。

在大部分时候，地球并未对人类建造自己文明的行为给予过多的关注。出于农业生产的需要，土地的开垦自然要改变当地生态的平衡状态，但是这对整个地球来说（包括空气、水和生命）并非显著的、全球性的影响，并不能使文明开始之前的自然状态发生变化。然而 19 世纪的工业革命改变了人类文明与这颗星球的关系，地球开始“感受”到我们的存在。空气、水、冰层、岩石，这颗星球上所有我们赖以生存、相互依赖、密切联系的部分都开始发生改变。正如在 46 亿年的生涯中多次出现过的那样，地球开始从一种星球状态向另一种星球状态转变。

人类文明诞生之前的那颗相对温和的星球已成为过去，现在这颗星球正在改变，一些新的现象、一些我们还无从知晓的东西正在悄然出现。正是因为我们人类的缘故，地球在发生变化，这些变化毋庸置疑会给人类文明的进程造成一定的压力。假如这种变化足够剧烈的话，它甚至会让我们赖以生存的人类文明难以为继，我们的文明将会崩塌。

这就是为什么我将身处现代文明形态的人类称为宇宙少年（正如卡尔·萨根经常所称的那样）。我们拥有的技术和它所释放出来的巨大能量赋予人类惊人的力量来驾驭我们自身与周遭的世界，这就像给了我们一把开启这颗星球的钥匙，而此刻我们正准备驾驭着这颗星球冲下悬崖。不过与那些青少年所不同的是，我们还不知道真相，还无法看到这个刚刚被人类文明所激发出来的现实。

人类并非独一无二的，人类也不是第一个出现的。

回顾整个人类历史，我们从来都只是把人类的文明形态或人类自身看作一次性版本的故事，而从未考虑过其他的可能性。我们总认为自己是一种全新的、迥然不同的物种。人类所跨出的每一步都在踏向一个未知，既没有什么能够指引我们，也没有别的历史可以参考，告诉我们未来会发生什么。

是时候结束这个版本的故事了，因为我们已经长大。

通过长期不懈的努力，我们已经描绘出了地球 46 亿年的历史，它向我们表明人类并非地球上的第一个主宰者。我们也并非第一个由于自身的成功造成这个星球的气候发生改变的物种。地球和它的居民们已经在一起演化了亿万年，在这漫长的时间当中，我们人类只不过是最近期出现的物种而已。

然而，事实不仅如此。

科学已经向我们揭示了一些甚至在20年前还不为人知的东西。宇宙中遍布着星球，在理论上，它们跟我们的地球并无二致。我们有充分的理由去猜测，在其中的某些星球上会有海洋与陆地，也会有寒风凛冽的山峰和在晨雾缭绕中苏醒、在暴风雨中沉睡的山谷。

也许还会有生命。当然，在浩瀚的宇宙长河之中，地球很可能是唯一孕育了生命的星球。在其他星球上是否存在生命？科学界为这一问题已经争论了几个世纪。近年来，对其他星球知识的迅猛增长让我们对这一问题有了新的看法，也带给我们一些富有启迪的信息。所有新发现的行星都表明地球是唯一拥有生命的星球，看起来反智慧和生命是一条强宇宙法则。换而言之，原本宇宙中的很多行星所处的位置非常适合孕育生命，但最终这种可能性还是化为乌有。看来也只能靠那些怀疑论者来解释为何在广袤的宇宙时空中拥有那么多的星球，存在那么多的可能性，而我们的地球却可能是第一颗也是唯一拥有生命的星球。

在其他星球上是否存在其他生命形态？这依然是一个悬而未决的问题，记住这一点非常重要。而我们现在的推测是，在我们人类出现之前，地球很有可能曾由其他生命形态主宰过。有些时代里的生命很可能建立了复杂的生物圈。我们可以再大胆地推测一下，在漫长的宇宙时间长河之中，其他星球上的生命将要或者很有可能已经苏醒，它们将慢慢地学会思考、推理，甚至建立自己的文明形态。

无论如何，科学已经指明了这样一个事实，那就是人类社会很有可能并不是第一个文明。因此，是时候认真而严肃地审视一下我们的天文学和地球科学了。

科学与神话

假如你试图通过向一个年轻人罗列出交通事故的统计数据而改变他的驾驶行为，这很有可能会招来对方的一通白眼。那是因为我们人类并不完全是靠数字或者图表中的上升曲线来理解世界的，我们基本上使用的还是讲故事的方式。假如你询问上面提及的那些问题少年他们的麻烦是在什么时候出现的，他们就会向你讲述一个个有关家庭、争斗、校园中被孤立、逃跑或被父母遗弃的故事来回答你。我们用故事来表达我们对这个世界的感受。不仅个人如此，而且我们的文化和历史进程也是如此。

大部分的人类历史是通过神话来讲述的。当听到“神话”一词的时候，你或许会认为那是一个假的故事。不过，要是放在整个人类演化历史的宏观视野中来考察的话，神话就远远不能用真的或假的来进行判定，它们对我们产生了至关重要的影响。在任何一个时代和任何一个地方的任何一个社会都有其自身的神话体系，这一系列神话故事蕴含了该文明最基本的价值和内容。在我们经历从孩童到成人、开始为人父母、渐入暮年这样的人生转变时，我们需要用这些内容来进行自我对话。有些神话是一些宏大的叙事。通过这些叙事（包括信仰体系），人们开始了解他们的文化是如何看待宇宙的诞生、地球的形成以及人类的产生这些问题的。

在我们这个时代，对这些问题的解答工作落在了科学的头上。今天我们有了宇宙大爆炸理论和达尔文的进化论来取代上帝和灵魂说。通过科学，我们找到了一种和世界对话的新方式，一种通过实验和证据来证明的方式。这是宏大叙事方式的一个现代版本，而作为“故事”的那些叙事的影响力并未消散。

在一颗气候正在发生变化的星球上，人类文明的命运会如何？当面对这样的问题时，我们并没有一个宏大的叙事来对像正在上升的气温和消融的冰层这样的现象进行解释。唯一比较接近的阐释也只是停留在了“人类的贪婪”这一层面上，即我们人类贪婪而自私，人类是这颗星球上的一场“瘟疫”。

这种解释不仅苍白无力、毫无用处，而且从我们最近通过对生命和行星的新认识而获得的视角来看，它也是完全错误的。人们常常会用“拯救地球”这类词汇来阐述应对气候危机的措施，但是生物学家琳恩·马古利斯曾经指出，地球可是个“不好对付的主”[6]。我们需要拯救的并不是地球，而是我们人类及其文明形态需要有一个新的方向。假如我们不能够渡过此刻正面临的难关，地球便会舍弃我们人类，继续存在下去，并孕育出能够适应新的气候条件的新物种。这个“人类贪婪”的故事版本让我们成为故事中的“恶棍”，并最终灭绝。这个版本的故事所讲述的无非是赢家和输家之间的一场决斗而已。

这个更宏大的视角并不是要为那些导致气候变暖的贪婪者和政治阴谋家开脱，他们完全应当因为自己的愚笨行为而遭到谴责。而站在整颗星球的角度，以更长远的眼光来看，这些人的行为可以用来解释为什么我们这种文明形态未能在地球上发挥出它最大的潜力。

所以，这是一个全新的可以用来讲述的“宏大叙事”，这是一出将人性还原为地球上的一种生命形态的戏剧，这是一个将地球以及它的生命重新置入宇宙星云中去的传奇。在这个新的故事版本中，人类虽然不再是“恶棍”的形象，但是或许会成为被淘汰的对象。

天体生物学和人类学

在过去的半个多世纪里，人类文明的触角已经开始伸向以前未曾触及的外太空和遥远的过去。我们已经能够回溯到亿万年前，去探索地球深邃的历史；我们也明白了人类这一物种及其文明如何构成了如作家金·斯坦利·罗宾逊所说的另一种“星球方程式”[7]。

这颗星球上的生命的演化与星球本身存在着不可分割的联系，科学也向我们展示了这一点。地球和地球上的生命必须被视为一个相互影响的整体。在 25 亿年前，这个世界是由微生物这一生命形态构建起来的，它们制造出了我们今天赖以呼吸的富含氧气的大气层。然而在这个过程中，这些微生物自身受到了污染并从大部分地球表面消失[8]。拥有了这个新的富含氧气的大气层后，地球继续演化并创造出了一个新的版本，出现了原始的大型海洋生物和巨型恐龙，陆地上覆盖着广袤无垠的草原。那些鱼类、恐龙和草原一度是那个时期地球上的主角，在地球漫长的、非线性的演化进程中占有一席之地。40 多亿年来，地球上陆续出现了很多种生命形态，存在着很多种可能性，人类只是最近的一个版本而已。这样说来我们也并非那么独特。

就像通过回溯遥远的过去来揭示地球的历史一样，科学也不断地探索外面的空间，我们能够穿越几十亿千米的距离探索太阳系里的其他行星。这些颇具胆识的旅行向我们揭示了气候并不只限于我们当地气象预报中的那几种类型。在金星的大气层里会刮过速度高达 350 千米 / 小时的风暴[9]；在靠近火星北极的地方每个夜晚都会形成冰雾[10]；在土星的那个巨型月亮——泰坦星（土星的第六颗卫星，即土卫六。——译注）上有一个宽达 64 千米的湖区，那里会下起汽油雨[11]。因此，从气候形成这个角度来看，我们的这颗星球也并没有什么不同寻常之处。

后来，我们的探索又触及了恒星，并且发现整个宇宙中还有很多像太阳系这样的星系。这些具有里程碑意义的研究数据向我们表明，在整个宇宙的历史中，像人类这样的文明形态很有可能在太空中的其他星球上也曾出现过。只要宇宙并不是有意对抗这种文明形态，人类社会就不会是第一个文明，其他星球上的其他物种很有可能先于我们出现。就我们对行星及其运行规律的最新了解来看，我们知道它们也很有可能遭遇过此刻正降临在我们身上的这类困境。由此可见，我们的气候危机也很有可能并不是那么独特和非同寻常。

科学进一步研究上述领域。有关地球与生命的关系，科学向我们揭示了一些全新的事实和可能性。这个科学领域是崭新的、革命性的，我们称之为天体生物学。通过全世界科学家艰苦卓绝的努力，天体生物学向我们揭开了一些新的宇宙真相，行星及其生命相互紧密地交织在一起，存在各种潜在的可能性。它也向我们暗示，此处发生过的也有可能在别的地方重演。

这个认识在一个恰当的时刻出现，并引起了巨大的反响。

1万年前，随着冰期的结束，地球上的气候开始变得更加温暖和湿润，地理学家所称的全新世开始到来，人类文明就是在这个时期开始萌芽的。但是，由于气候改变了，人类正推动地球结束全新世而进入一个新的时期。在这个时期，人类的行为将对整颗星球产生深远的影响。我们把这个新的时期叫作人类世[12]。

我们都期望人类的文明形态能够在人类世继续挺进，但是显然我们搞砸了。我们已经知道，50多年来全球正在变暖，这是人类世到来的一个最为显著的现象[13]。尽管已经知晓了这一点，但我们几乎没有采取任何行动来应对这种气候变化及其引发的后果。我们的政治家、经济学家甚至道德说教者都未能激发出人们的有效行动，来确保我们的文明能够在一颗变化着的星球上长期延续下去。

这种失败归根结底源于我们的一种错误观念，即人类文明是独一无二的。不过因为直到最近这几年人类才拥有了能够超越单一文明论所需要的信息和工具，而以前我们还没有天体生物学的概念，或许这个失误尚可饶恕，但是现在我们有了这个概念，或许它能改变我们人类未来的发展轨迹。

本书所探讨的领域可以叫作天体生物学，它是由两个相互关联的问题建构起来的。

- 对于其他星球上的生命甚至智慧和文明，宇宙生物的演化能告诉我们什么？
- 有关人类的命运，其他星球上的生命、智慧及文明又能告诉我们些什么？

对这些相互交织的问题的回答将让我们对人类是什么、在人类文明建构这一至关重要的时刻又将会发生些什么等问题形成一个全新版本的故事，它的讲述是通过天文望远镜、深海潜水器、发射到太空中的机器人以及冒死攀越冰川裂隙的地质学家来完成的。在叙述这个故事的时候，我们将切实体会到科学带给我们的新奇感受。

人类世的天体生物学将向我们展示火星上笼罩在珊瑚色天空下的悬崖峭壁的图片，这些图片能大大拓展我们对气候及其变化的认识。它还会把我们带向漆黑一片的深海去探索那里的支离破碎的生态系统，这就像给了我们一台时光机器，让我们能够窥探到亿万年前生命刚刚出现时地球的样子。

那个时候，那些所谓的新行星其实都已存在。

人类世的天体生物学家会带领我们穿越银河系，去看一看那整个有待了解的行星群，它们才刚被写进课本里，包括紧紧依偎在母恒星周围的炎热星球以及大过地球好几倍的“超级地球”[14]。

在讲述这个新版本的故事时，我们或许还会接触外星人，这恐怕是所有可能性中最激动人心的部分。

人类世天体生物学的探索还会让我们做出一个彻底的决断：是该认真考虑外星人（这个词真正所指的是外星文明）的时候了。最近几十年里积累起来的知识以及从天体生物学中所了解到的每一件事情都让我们认识到，认为人类社会是宇宙历史长河中的唯一文明形态的观点是多么荒唐。这种认知告诉我们，只要找到了恰当的问题作为切入点，并且这个问题能被充足的关于外行星的新发现所支撑，我们就能开始勾勒一个有关外星文明的学科体系，它跟我们地球所面临的危机具有相关性。

本书所要探讨的这门新学科既不会告诉我们银河系中是否还存在很多其他文明，也不会告诉我们能否很快找到外星文明存在的证据，更不会告诉我们外星人是否长有尖尖的耳朵或者有着 7 根手指、外形像不像蜥蜴。但是，它能告诉我们的是，在置身于其中的文明体系中，我们所看到的一切很有可能曾经发生过成千上万次，甚至亿万次。

站在天体生物学研究的角度来看，我们可以将外星文明视为一门严肃的科学研究学科，不过在讨论外星人的时候依然不可避免地让人觉得低俗可笑，这是因为长久以来一些低劣的科幻片（以及荒诞离奇的不明飞行物阴谋论）损毁了那些想要寻找外星智慧生命的科学家的形象。现在的情况更为严重，多年以来，在探求外星文明这一问题上我们并没有太多的科学性限定。没有这些限定，有关的讨论就沦为一种纯粹的科学幻想。但是，假如我们抓住了关键的问题，现已掌握的行星运行法则就可以作为我们讨论外星文明的基本框架，那就意味着只要方向正确，我们就能找到答案。至少有了正确的方向，那些我们已经归纳出来的行星运行法则将会帮助我们把答案框定在一些更具有可能性的范围内。

耐人寻味的是，回答这些问题的关键恰恰就在天体生物学和人类学的交叉点上。对行星运行法则的最新认识也使得我们最为关心的那个问题更加突出：一个文明形态（即任何文明形态）如何与它的行星（也指任何一颗行星）交互演化呢？假如在宇宙的时空中有可能存在着其他文明，我们就应该认真对待，将它作为一门学科进行研究，这样我们就能把所有对地球、金星、火星以及太阳系之外成千上万的行星的认识整合起来，我们还能用具体的模型和模拟方法去探索其中内含的物理和化学规律。

从这个角度看，人类文明只不过是宇宙中所发生的一件事情而已，就像太阳耀斑、彗星和黑洞一样。在天体生物学领域中，我们可以利用存在于我们之前的星球上遗留下来的信息来探索任何一颗星球上的任何一个文明何以能（或者最坏的情况，不能）与星球一起相互演化。我们可以将那些可能的外星文明视为另一种历史，它们能够告诉我们人类的未来。

即便根本就不存在什么外星文明，天体生物学的视角依然是有益的，对外星文明假说的思考有利于我们去面对人类世的挑战，因为它教会人类要像一颗行星那样去思考，它教会我们人类应将自己文明的轨迹置入生命（包括人类）与地球相互演化的更长远的文明形态中去。通过这种天体生物学的视角，我们能够勾勒出自己的命运及其未来的轮廓。

一个新的故事

不过，假如我们认真地对待存在其他文明的可能性，就会发现在我们面前一扇通往人类世的崭新大门开启了。浏览一下这个可能拥有众多能够孕育生命的行星的宇宙，我们能发现有些技术型物种可能会学习如何适应环境，还会学习如何引导自己走出所面临的瓶颈和困境，而这些问题都是由他们自身制造出来的，并引发了气候变化。当然，有些物种会失败。而这恰恰是这个新版“宏大叙事”的意义所在。这个版本的故事从科学开始讲起，最后向我们展示了如何去应对人类世的变异强加给我们的艰难选择。一个更长远、更具持续性的人类文明版本意味着人类必须以一种还不为我们所知的方式成为地球的伙伴。

因此,为了我们自身的利益,我们应和地球站在一起。不过,正如《蜘蛛侠》里的那句名言：能力越强，责任越大。在宇宙演化的游戏中成为赢家是否就意味着我们要将地球永远保持在全新世？我们能够永远不让地球进入另一个冰期吗？假如真的可以做到，那么那些被我们“拒之门外”的曾经生活在冰期中的物种又会如何呢？我们有权力阻止它们的生命在地球上继续繁衍吗？

在全新世的这些物种中，我们又会选择将哪些带入到人类世？一只北极熊孤独地站在漂流着的浮冰上，这张照片令人心痛不已。但是，要和这颗星球达成一种真正的长期和谐共生关系，就要求我们做出一些艰难抉择。这些抉择不仅仅属于科学研究的范畴，而且与我们的价值观有关。什么是我们所珍视的，什么是被我们奉为神圣的，对这些问题的回答都属于价值观层面的东西。这就是为什么故事中的对与错与科学中的对与错同样重要，因为故事中包含了我们的价值观。

对人类世进行洞察的天体生物学是一门非同凡响的学科。它把人类的生命形态及其命运的故事置入星际背景中去讲述。这些星星的故事就像是我们的指引者和教导者，而绝不只是一些资料、信息以及知识。随着地球进入人类世，我们人类以及我们所珍视的文明形态也正在奋力前行。接下来我们所要探讨的这门新学科会帮助我们纵览这个新领域，它也能帮助我们跨过危机四伏的边缘地带，迈入一个新的时代。

第1章　外星文明公式

费米悖论

1950年，一个温暖而晴朗的夏日，在新墨西哥州沙漠深处的洛斯阿拉莫斯国家实验室里，四位大师级人物正漫步在密布着核武器研究设施的建筑群中。此时，美国与苏联的冷战正剑拔弩张，国家实验室里到处都是新面孔。不过，这四位可都是这里的元老级人物。在为美国赢得第二次世界大战的新式炸弹的研制工作中，他们每一个人都起到了关键作用。

这四个人当中走在最前面的是恩利克·费米。这位出生于意大利的诺贝尔奖得主揭开了原子核的谜团，费米因在科学研究领域中的超凡才能而声名远扬。C.P.斯诺曾经写道，假如费米能早点出生的话，他或许能够独自完成所有关于原子弹的科学研究工作。“或许这听起来有点言过其实，”斯诺写道，“但是有关费米的一切就是这么不可思议。”[1]

走在费米旁边的是爱德华·泰勒，这位出生于匈牙利的物理学家后来成为氢弹之父。虽然费米并不认同泰勒对“超级”炸弹的狂热之情，但是他们的友谊还是维持了终身[2]。那天走在一起的另外两个人也都是核物理学家——埃米尔·简·科诺宾斯基和赫伯特·约克，他们在各自的研究领域里享有盛誉。

这四位科学家当时正从实验大楼前往富勒小屋，那是大家吃午餐的地方（这个实验室的前身是一个童子军露营基地，这幢小屋是遗留下来的为数不多的建筑中的一个）。此时大家的话题已经转向了不明飞行物（UFO）[3]。自从第二次世界大战结束以来，声称看见了天空中神秘亮光的人越来越多，最近的一次还刊登在了当地的一家报纸上。这让约克想起了《纽约客》上刊登的一幅荒诞不经的漫画，漫画里暗示曼哈顿发生的接二连三的垃圾桶失踪事件可能与不明飞行物有关。这不由得让这位物理学家做了一番分析，不明飞行物的故事因而引发了一系列有关超光速旅行及其限度的问题。不过，当这四位科学家沿着一条两旁栽种着松树和杜松子树的林荫小道继续前行时，谈话的内容很快又转到了别的主题上。然而，过了不久，就在他们享用午餐的当口，恩利克·费米突然脱口问道：“但是他们在哪里呢？”[4]

面对费米突如其来的发问，泰勒、约克和科诺宾斯基都忍不住笑了起来。他们都非常清楚这位同事具有敏锐的洞察力。费米有一个特长，他能将复杂的问题简化为最核心的几个要点。在第一枚原子弹的沙漠爆炸试验中，费米领导了一个三人工作小组，他仅仅凭借记录下来的被爆炸引起的旋风吹向一边的几张碎纸片飞出的距离就能计算出爆炸的威力，这让他声名远扬[5]。

在这个夏日的午餐事件中，费米一针见血地提出了一个核心问题。

在随后的有关外星文明的讨论中这个问题反复出现。费米的这个问题直白而深刻，假如外星球上智慧物种的演化是普遍存在的，为什么我们还没有发现他们？为什么我们的望远镜未曾发现过他们存在的任何蛛丝马迹？为什么外星人的脚印还没有踏上白宫的大草坪？

费米的问题并不是针对不明飞行物的，对这个主题的讨论一直缺乏严谨的推理和认真的观察，充斥着各种虚假信息和阴谋论。而费米提出的这个问题将成为最早从科学与现代的角度来探讨外星文明是否存在的可驾驭的问题之一[6]。

后来，费米提出的这个问题逐渐被人称作费米悖论，它所要表达的完整观点如下：假如宇宙中普遍存在着具备先进技术的外星文明，那么我们就应该能够掌握他们存在的直接或间接证据。

在随后的几十年里，在其他科学家的努力下，费米所提出的问题表达得更加清晰，并进一步得到了科学论证。1975 年，天体物理学家迈克尔·哈特撰写了论文《一个有关地球上为何没有外星生物的解释》，文中先罗列了一大堆反对意见，否认费米悖论背后存在理性因素，所涉及的领域包括物理学、生物学和社会学[7]。但他本人最后的结论则是认为没有一个反对意见足以推翻费米悖论的逻辑。他还进一步阐释了费米悖论中所隐含的观点，即在银河系里只能有一个物种能够“快速”确立殖民者的地位。假设确实有这样的一个外星文明存在并能够建造出以 1/10 光速飞行的飞船，那么哈特认为这些生物仅需 65 万年的时间便能够跨越整个银河系；这个物种就能够从其所居住的星球出发，向各个方向派送飞船，然后迅速占领每一个恒星系。

当然，几百万年对我们大多数人来说是一段非常漫长的时间。我们这个物种——现代智人在地球上生存的时间还不到 100 万年，可对我们而言的漫长岁月放在银河系中则不过是白驹过隙。我们人类的主星系——银河系浩瀚无边、古老恒常，它诞生于几十亿年前，因此哈特估算出一个文明扩张至整个星系所需的时间大概是银河系寿命的万分之一。哈特解释道，与星系的寿命相比，在非常短的时间内，那个偶然出现的外星文明就能够到达宇宙中围绕着恒星运动的所有行星，包括我们的地球。

对有些研究者来说，哈特的研究给浩瀚的星空增添了许多神秘色彩。在他们看来，费米悖论的逻辑简单明了，即我们的文明是独一无二的。在太阳系里并不存在一个外星文明，这已经是显而易见的了，而在其他恒星系统中也没有任何迹象表明那些文明存在，这也必定意味着在其他地方并没有达到我们地球的文明和技术水平的其他生命形式存在。我们是银河系里唯一得以演化并建立了一个发达的文明体系的物种。对于费米提出的悖论，物理学家兼科幻小说家戴维·布林则称之为星空中“伟大的寂静”。这个形容真的非常恰当，把费米悖论所隐含的宇宙中的寂寥一针见血地表达了出来[8]。

在“伟大的寂静”这一概念提出之后，大家对费米悖论的兴趣与日俱增，后来又出现了一个新的提法——“大滤器”[9]。没有迹象表明银河系中存在其他发达的外星文明，但这并不能证明地球就是唯一拥有生命的行星。费米悖论所针对的是像我们这样的技术文明，或者是比我们更先进的文明形态。在宇宙中，可能到处都有微生物、贝类甚至恐龙存在，因此有些科学家认为，我们之所以没能发现外星文明，一定是因为存在着某种过滤器阻止了发达文明的出现。换而言之，假如我们并不是宇宙中的唯一文明，那么在生命的演化过程中则一定存在某种壁垒阻碍了其他星球上的文明能够达到地球文明的水平。

但是这样的一个过滤器可能存在于演化过程中的任何一个地方。简单生命体的形成中或许就存在着这样的一个过滤器，从而使得生命的出现如此罕见，因而像地球这样拥有生命的星球为数并不多。此外，即便对于最初等的智慧生命的出现，或许也存在一个更大的过滤器。因此，在很多星球上或许可以出现像蜥蜴这样的生物，但是不会有海豚和猩猩。假如情况确实如此，那么进一步演化出高级智慧生命的难度则会直接将所有这些星球剔除出去，因而它们未能进一步发展出技术文明。

然而具有讽刺意味的是，就在费米和他的同事们坐下来吃午餐的那个历史性时刻，我们又多了一个大滤器成员，而这可能会给我们人类文明的演化进程画上一道休止符。在提出费米悖论时，费米所在的实验室正在致力于研制一种新型杀伤性武器。在20世纪50年代，人类刚刚具备了通过全面的核战争终结人类文明的能力。

核战争促使人类意识到这种大滤器不仅仅存在于过去漫长的演化征程之中（在此期间，我们非常幸运地避免了被淘汰），而且在荆棘密布的未来征程中，它或许就像一条蟒蛇一样隐藏在某个地方。也许浩瀚的夜空确实静谧无声——对于宇宙的绝大部分空间，我们的星球还未曾触及，因为还没有一个发达的文明形态具备足够的智慧来处理自身生存所面临的压力。

假如有人问费米哪个才是最有可能出现的大滤器，他很可能会回答是核战争。今天，我们已经对人类文明及其所面临的挑战有了更宏观的认识，但是在20世纪50年代费米抛出他的质问时，地球上只有极少数的科学家群体意识到人为地引发气候变化的可能性。人类通过共同的日常实践活动就能无意地引起整个地球行为的改变，这个观点在当时还是非常激进的，而且几乎没有进行科学建构。不过，现在我们对此已经有了更好的认识。

目前地球已进入人类所统治的时代（越来越多的人称之为人类世）。在进入这个时代的通道里，一个潜在的更强有力的大滤器逐渐显现出来。像人类社会这样的文明实际上就是一个各部分相互依赖的复杂网络系统。假如在长达一年的时间里没有电，我们又能从哪里获得食物？假如热力管道关闭了，我们能用什么来给家里供暖？我们生活的方方面面都依赖这个系统的顺利运行。但是，只要地球上的气候发生任何重要变化，就有可能使得这个系统的运行陷入崩溃的危险之中。

以海湾洋流为例，它将佛罗里达海岸温暖的海水（以及温暖的空气）沿着海岸线送至北方的波士顿，然后再汇入大西洋。成千上万生活在地球上技术最发达的城市里的人都依赖这股海湾洋流所带来的温和气候而生活，而海湾洋流只不过是地球在最后一个冰期结束之后在一种特殊气候状态下所形成的一种特定的海水流动模式。它并不是这颗行星一成不变的恒定状态。假如气候发生显著的变化，那么这股海湾洋流和它所带来的温暖的气候都将成为过去[10]。

因此，我们认为人类世或许比核战争更有资格成为一个大滤器。毕竟全力以赴地开展核竞赛是人类有意识的行为，它是某些人的决定。设想一下其他不如我们这么好战和好斗的文明，那里的居民或许连制造核武器的念头都不曾有过。然而，气候变化则有可能更具有普遍性。我们将会看到这或许是任何一颗星球上的任何一种发达文明形态的结束方式。长期显著的气候变化未必会导致一个已经建立起技术文明形态的物种灭绝，而仅凭更加恶劣的气候条件，这种技术文明的发展就会受到阻挠，并且无法在一颗气候业已改变的星球上继续。

围绕着大滤器所展开的各种讨论确实激活了费米悖论这一洞见的能

量。科学研究领域能否取得进步往往取决于科学家们能否抓住正确的问题，假如问题设置得不好，他们就会陷入彼此之间喋喋不休、反反复复的争论之中。没有一个恰当的问题，我们就无法形成一条清晰的思路去搜集资料，以找到问题的答案。

一个正确的问题的提出恰如在漆黑的房间里投射了一道光，它让我们以一种全新的视角来看待这个世界，它是我们开始用一种新的方式来讲述这个世界的故事所迈出的第一步。一个好的问题会让我们重新认识什么才是重要的，它告诉我们应该寻往何方、去往何处以及如何努力达到目的。

而在有关外星文明的探讨中，费米在20世纪50年代所提出的那个问题就起到了这样的作用。再经由哈特和其他人的进一步发展后，费米悖论让我们开始思考在宇宙中我们人类是不是以及为什么是独一无二的。

但是要真正地理解费米悖论对人类未来的重要意义，我们还需要追溯几千年的人类历史。

世界的多样性

大约在2200年前，古希腊哲学家伊壁鸠鲁就曾说过："存在着无数个跟我们一样或不一样的世界……不仅如此，我们还要相信在所有的世界里同样也生活着我们在这个世界里所看到的动物、植物以及其他东西。"这应该是所谓的外星文明乐观派最早的一段论述[11]。

从道德伦理一直到痛苦的本质，伊壁鸠鲁的研究志趣广泛，不过他最享有盛誉的身份是原子论者。在他看来，世界是由数不清的细小微粒组成的，这些微粒又以数不清的方式排列组合在一起。构成原子论基石的一个基本观点就是原子论者认为宇宙是无穷无尽的，因而在宇宙中也必然存在着无数颗拥有居民的星球。

不过并非所有的古希腊哲学家都对宇宙的多产抱有和原子论者一样的信念。“存在着很多世界是不可能的。”[12]与伊壁鸠鲁同时代的亚里士多德就曾这样写道。亚里士多德是外星文明悲观论者。他认为地球是整个宇宙的中心。由于只能有一个中心，那么地球也就必定是独一无二的。亚里士多德还确信不存在其他世界，更确信不存在另外一个跟地球一样的世界。

一方持宇宙多样性的观点，另一方则持地球唯一性的观点，这两种观点之间的冲突在接下来的2000年时间里一直持续着，从古希腊经由中世纪到文艺复兴，直至20世纪初，外星文明的乐观主义观点逐渐被封存而淡出历史。

在世纪更迭中，哲学家、物理学家、神学家以及天文学家都在问同样一个问题：我们是不是宇宙的唯一？人类社会是不是第一个文明？每一代人都会带着所处时代的偏见、观念和工具抛出这个问题，也总是会引发一阵激烈的争论，有时这些争论还会置人于死地。在中世纪，天主教会认为对其他世界的探讨是一种异端邪说，但这依然阻挡不了哲学家乃至神学家竭力想要去弄明白为什么全能的上帝只创造了一个人类世界。在13世纪，托马斯·奎纳斯宣称上帝完全具有创造其他世界的能力，但他只是选择不这么做（显然这不是一个令人满意的答案）[13]。

到了16世纪，新一代的思想家又重新翻出了这个有关其他世界的问题。在1543年首次出版的《天体运行论》中，哥白尼将地球从宇宙中心的宝座上赶了下来。他的天文学观点在那个时期是非常激进的，他认为我们的地球只不过是围绕着太阳旋转的行星中的一颗[14]。对于围绕其他恒星旋转的其他行星，哥白尼倒从未发表过任何看法，但是他的著作撼动了地球在宇宙中的权威地位，并开启了一扇大门，激励其他人公开探讨所谓的世界多样性命题。

教会在一段时间内对于人们对哥白尼天文学说的一些讨论采取了包容态度，但是 16 世纪后期，激进的多明我会（又译作“多米尼克派”）修道士乔尔丹诺·布鲁诺冲破了教会所能容忍的限度。布鲁诺不仅公开为哥白尼的天文学说摇旗呐喊，而且做了进一步的阐述，宣称宇宙中一定存在无数个世界，上面也居住着各种居民。这些言论最终招来了教廷对他的审查。1600 年，教会以异端邪说分子为罪名将布鲁诺烧死。

到了科学革命时代，艾萨克·牛顿开始崭露锋芒。他统一了天体和地球上物体的运动定律。这一时期，天文学方面也是成就斐然，一些像天王星、海王星这样的新行星被发现。这些行星的运行轨迹也被我们所了解。无论是对于科学界还是对于越来越多的受到教育的大众来说，大家的关注点都转移到对其他星球上是否存在生命的讨论上了。法国著名作家伯纳德·德·丰特奈尔在 1686 年写了一部著作《关于宇宙多样性的对话》，该书使他成为文艺复兴时期最知名的畅销书作家。

这本书是围绕着一位哲学家与一名才思敏捷的年轻男爵之间的一系列深夜恳谈而展开的。德·丰特奈尔书中的观点是他那个时代的乐观主义宇宙观的代表，他想象着围绕太阳旋转的很多行星上都住有居民，甚至认为连月球上都居住着智慧生物。他的视野还超出了太阳系，他在书中写道：“恒星就像太阳，每一颗恒星都会给一个星球世界带来光明。”在诸多星球中，他非常确信必有生命繁衍[15]。在这本书早期版本的封面上画着我们的太阳系和很多恒星及其行星，它们像巢穴一样紧紧地环绕在浩瀚的宇宙中。这幅图景令人印象深刻，生动地代表了德·丰特奈尔的乐观主义观点。

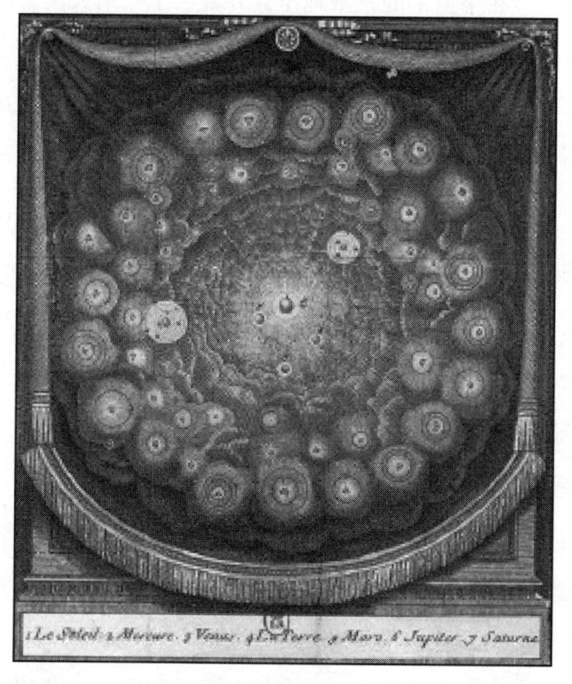

太阳系被其他恒星和它们的行星围绕的图景，天王星和海王星缺位，当时它们还未被发现，参见1686年德·丰特奈尔的《关于宇宙多样性的对话》

这种乐观主义观点在 19 世纪非常盛行。达尔文的进化论给有关行星及其生命的讨论带来了新的转机。像卡米尔·弗拉马里翁（那个时代法国的卡尔·萨根）这样的作家以小说的纯粹形式构想了生命在火星和金星上演化的故事[16]，这大大激发了读者的想象力。将进化论引入宇宙多样性的讨论中，这给像弗拉马里翁这样的作家提供了一个机会去大胆地设想自然界是如何塑造其他行星上的居民的。由于演化是对一个给定行星上的特定条件所做出的回应，一个物种要发生转换必须符合这些条件。以此推理，弗拉马里翁认为火星上的生命一定与地球上的生命非常相似，因为这两颗行星拥有的自然条件相近[17]（他认为如此）。

火星也由此成为后来乐观主义宇宙观的一种公开学说的焦点。在19世纪和20世纪之交，美国的百万富翁帕西瓦尔·罗威尔在亚利桑那（当时还没有成为一个州，而只是一处领地）的弗莱格斯塔弗建造了一个天文台来研究这颗红色行星上的“运河”[18]。罗威尔确信火星上有居民。他通过出版图书和发表演讲，在他生命的最后几年时间里致力于说服他人相信他的观点。他的努力并没有白费，大部分公众开始想当然地认为火星上拥有生命。

不过在19世纪后半期，无论是科学界还是非科学界，有关外星文明的悲观论调卷土重来。1853年，威廉·休厄尔（一位英国科学家兼哲学家，同时还是一位国教牧师）在他的《宇宙的多样性》一书中对乐观派进行了尖锐的批判。其他作家表达的只是单纯的幻想，而他则直面那个时代天文学的现状。休厄尔写道：“没有一颗行星被发现，也没有任何迹象表明存在着一颗围绕着恒星旋转的行星。”[19]休厄尔也强烈地反对用地球的历史去推演其他星球上生命的演化过程，“这种认为在由物质形态演化到有意识的生命形态的过程中存在着一种普遍的法则或规律的观点是极其危险且没有证据支持的”[20]。

另一个持悲观观点的人是阿尔弗雷德·拉塞尔·华莱士，他和达尔文一起被认为是进化论的提出者。在1904年出版的《论宇宙中人类的地位》一书中，华莱士凭着他对生物学的深刻认识，对其他星球是否存在生命这一问题展开研究。以液态水的可得性作为判定标准，华莱士断定地球是太阳系中唯一适合居住的星球。他还进一步宣称在整个银河系中都鲜有像地球这样的能够孕育智慧生命的行星[21]。

到20世纪初，对于外星上是否存在生命这一问题出现了一种更加坚定的悲观论调，所有那些有关外星文明的科学观点都被推翻了。这种新的悲观论调开始关注行星的产生，并建立了一个被称为“碰撞理论”的模型来描述行星的形成。在20世纪初，天文学家的理论研究认为，只有当两颗恒星在运行中彼此靠近到相当近的距离时，才会产生行星。当恒星彼此穿越进行近距离的接触时，引力就会将恒星上的一部分气体拉到太空中，这部分气体便会停留在太空中，汇聚成围绕其中一颗恒星旋转的轨道。随后，这些被带出的气体逐渐冷却凝聚，便成为一颗行星。当时天文学家中的领军人物詹姆斯·金斯很快就证明这种近距离的恒星接触极其罕见。因为金斯的原因，到20世纪中期，很多天文学家都相信宇宙中行星的数量并不多，而且它们在宇宙中彼此相隔的距离非常远[22]。这意味着宇宙中的生命也非常罕见。

因此，在1950年的这一天，当费米和他的同事坐下来享用午餐的时候，德·丰特奈尔和弗拉马里翁的那经不起推敲的乐观主义观点就逐渐丧失了市场。很多科学家认为行星的数量非常稀少。即便不是如此，来自阿尔弗雷德·拉塞尔·华莱士等人的生物学观点也会将行星上的生命归结为小概率事件。对于那些想要认真地在其他行星上寻找生命的人来说，更令人灰心的事情便是罗威尔对火星上运河的观察也沦为了科学家眼中的一个笑话[23]。到20世纪50年代初，宇宙中是否存在生命，特别是智慧生命依然是只有少数几个科学家才会去认真思考的谜题。

但是科学并不是凭空产生的，它是人类从事的一种实践活动，科学所建构起来的叙事和其他文化所建构的故事一起演变，共同建构着人类文化。不过，由于理性的滥用，这个我们自己能够讲述的宇宙生命故事将要发生改变。

火箭、炸弹和人造卫星

当费米在1950年提出他的那个著名问题时，美国正在为苏联已经成功地完成了核弹试验的新闻而倍感焦虑。在那个时代，美国的核弹试验已进行了数百次。到了1960年，全球的核弹储备量已经超过22000枚[24]。更重要的是，早期的核弹主要采用核裂变方式——像铀这样的重原子发生裂变。在广岛和长崎投放的核弹已经向人类展示了这些原子武器能够在瞬间几乎将整座城市夷为平地。而到1960年，美国和苏联所部署的核武器已经采用热核聚变的方式。这些核弹的工作原理是通过氢（一种最简单的元素）原子间的碰撞，产生一种质量更大的原子核，这些原子核又继续碰撞不断释放出能量，其反应类似于太阳这样的恒星释放能量的过程。新的氢弹拥有可怕的威力[25]，一枚中型氢弹能够摧毁整个纽约大都会。最大的氢弹能够将地球大气层的一部分吹到外太空中去。

研制更有杀伤力的核武器是20世纪50年代美苏核竞赛的基调。但是在这10年间，核弹又激发出了另外一种形式的竞赛，让我们对遥远的外星生命重新展开了想象。

对于核武器制造者来说，假如他们将核弹投放到目的地的速度无法超过敌人，那么即便制造出更有威力的核弹也没有太大的意义。因此，在冷战思维的主导下，研究的目标就不可避免地从喷气式轰炸机技术转向火箭助推导弹技术。

在第二次世界大战的最后几年，德国的V-2导弹已经让英国人心惊胆战，同时它也向世人展示了远程火箭的威力。战后，美国和苏联将俘虏的德国导弹专家哄抢一空，这两个国家都主推一种能够穿越整个大陆的导弹——洲际弹道导弹。苏联后来的实践证明他们在这方面的发展更迅速。1957 年 8 月 21 日，苏联的一枚 R-7 火箭飞行了 6000 千米后，在海拔 16 千米的高空爆炸[26]。

两个月之后，当人们惊奇地发现天空中竟然悬挂着两个月亮的时候，这种火箭的威力才真正为人们所了解。1957 年 10 月 4 日，另一枚 R-7 火箭将重达 83.5 千克的人造卫星送到地球大气层上空，并进入了卫星轨道。这是从地球上发射的第一颗人造卫星。这颗人造卫星运行在地球上空，以非常精确的频率发射无线电波，只要你使用相应的仪器就能接收到它的信号[27]。当时，全世界都在倾听这个电波。为此，苏联的政治家得意了一阵儿，而美国则陷入了恐慌。显然，人类长期以来的禁忌被打破了，人类的太空时代由此开启。

当时，要与在大气层中以超高音速飞行的火箭或者围绕地球运行的人造卫星进行通信只有一种方式，且这样的远程通信需要运用非常复杂的无线电技术。而 20 世纪 50 年代那些军事上的重点技术恰好为我们首次对外星智慧生物进行科学探索提供了条件。

直到 20 世纪 50 年代，用于天文观察的望远镜都是用玻璃镜头建造的。这意味着我们只能通过可见光（我们的视觉所能接收的光线）来研究天文现象，然而可见光不过是具有一定波长范围的电磁波而已。

在 19 世纪中期，物理学家发现电磁波有一个完整的频谱。这些电磁波的波长范围非常宽，从非常短的、原子般大小的 X 射线和 γ 射线一直到如房屋般大小的无线电波都有。天体通过电磁波的绝大部分波段向外释放能量。

在演化中，人类的视觉只能看见光谱中的可见光波段，而这个波段的太阳光几乎可以穿透大气层，这并不是一种巧合。不过，太阳也会发出 X 射线、紫外线和“无线电波”。

在第二次世界大战期间无线电技术迅猛发展的推动下，20 世纪 50 年代的天文学家运用可见光波段之外的电磁波，打开了一个崭新的观测夜空的窗口。运用无线电波，研究者发现他们能够绘制出整个星系，或者捕捉到古老的恒星死亡时所发射出的回声，而凭借可见光是不可能做到这一点的。

被称为射电天文学的研究成果是在 20 世纪 50 年代取得的最激动人心的科研成果之一。假如你年轻、有天赋，而且富有科学探索精神，那么射电天文学便是最适合你的领域。20 世纪 50 年代末，一位初露锋芒的天文学家弗兰克·德雷克便是这样确定了自己研究的领域，他开始在弗吉尼亚西部的荒野中搜寻外星文明所发出的信号。

聆听天空的声音

弗兰克·德雷克一直是一个极富想象力的人。这名后来对有关外星文明的大部分现代科学研究起到奠基作用的科学家于 1930 年出生在芝加哥南部地区，当时正逢大萧条刚刚开始。他的父亲，一个在市区工作的化学工程师，经常给他带回一些小器具。他后来用这些东西组建了一个地下“实验室”。年轻的德雷克大部分时间待在那个地下室里，鼓捣着发动机、无线电器件和化学仪器。唯一能将德雷克的注意力从他的那些无线电器件中挪开的是市里的科学与工业博物馆，他经常骑自行车去那里参观。在那里，他和他的朋友看到了全套的原子模型。我们的视觉所不能看到的真实世界正是由这些原子构成的。“有些展品实在太不可思议了，简直让人佩服得五体投地。”德雷克后来写道[28]。

当德雷克到了 8 岁的时候，父亲告诉他宇宙中还存在着像地球这样的其他星球，他的脑海中立刻闪现出其他星球和生命的景象，从此这一念头就从未从他的脑海中消失。另外，奥兹系列故事也是少年德雷克的最爱。当他还是个孩子的时候，他就拥有这个系列中很多本与外星球有关的书。作者莱曼·弗兰克·鲍姆在完成了第一本书——《绿野仙踪》（原名《奥兹的奇特男巫》）之后陆续写了 13 本，其中大部分以奥兹玛公主——奥兹国的统治者——为主人公[29]。

长大后的德雷克身材高挑，英俊潇洒，对科学有浓厚的兴趣。他进入了康奈尔大学，并获得了人才储备培训计划奖学金。在本科阶段开始时，德雷克对天文学并没有太大的热情，不过他很快就发现自己对该领域特别感兴趣。在天文学概论课程的整个学习过程中，父亲在他孩童时期所说的那句话（宇宙中还存在着其他适合居住的星球）一直萦绕在他的心头。但他还不敢把这个问题讲给他的教授听，害怕这显得有点傻气。德雷克在一个很偶然的机会里结识了当时世界上最著名天体物理学家之一的奥托·斯特鲁维，这才打消了这个顾虑。

斯特鲁维是一个身材魁梧、令人望而生畏的人，他是恒星研究领域的领军人物。1951 年，他受邀为康奈尔大学的一个社团做报告，德雷克是听众之一。这次报告的主题主要集中在介绍当时已知的星际间的星云是如何形成恒星的。就在报告快要结束的时候，斯特鲁维将话题转向了宇宙中的生命。他宣称，有大量的证据表明在银河系中至少有一半的恒星拥有自己的行星体系，原来有关宇宙形成的坍缩论已经失去了市场。斯特鲁维提到那些星球上没有生命存在的原因还无法解释[30]。听到这里，弗兰克·德雷克的眼睛一亮，原来还有一些比他更年长、更有地位的人也在思考这个从他还是个男孩的时候起就萦绕在他心中的问题。

1958 年，德雷克驾驶着一辆破旧的白色福特汽车，装载着所有的家当穿过弗吉尼亚西部郊外的丛林，此时斯特鲁维给他的启迪依然停留在他的脑海中。他正前往刚刚建立的国家射电天文观测站绿岸基地，他成了正在组建中的观测站的研究人员之一。

按照德雷克的话来讲，当时绿岸基地得到了大量基金的支持，让他们几乎可以不受任何限制地建造世界上最先进的观测站[31]。这个基地坐落在幽静翠绿的山谷之中，避开了无线电波（以及外界）的干扰，成为美国射电天文学研究的新场所。

德雷克到绿岸基地以后不久，直径达 25 米的无线电金属接收天线便安装完毕。绿岸基地的天文学家计划利用这架新式望远镜来开展所有的研究，从银河系的旋涡状结构到隐匿的银心[32]。德雷克将参加其中的大部分研究。不过在德雷克的心中，那颗想象中的适合居住的星球从未离去。很快,他就开始考虑利用这个庞大的无线电“耳朵”来寻找它们。

“假如外星人按照地球上最强的信号标准发射无线电信号，我能计算出这架直径为 25 米的望远镜能够检测到的最远距离是多少。”德雷克后来写道[33]。最后的计算结果是大概 10 光年，或者 100 万亿千米[34]。由于他认为只有像太阳这样的恒星才有机会孕育出像地球这样的行星，接下来他要做的就是先列出一张恒星清单。幸运的是，在 10 光年的范围内至少还有几颗类似太阳的恒星。这时，德雷克意识到他已经触摸到了启动一项真正的科学研究项目的开关。

在进行了初步运算之后，德雷克需要得到观测站其他同事的支持，接受这个貌似有点疯狂的寻找外星文明的想法。住在绿岸基地的科学家经常聚集在几千米之外的一个路边餐厅吃饭。为了能够使用望远镜去寻找来自外星球的智慧生命的信号，在某个冬日吃完午餐后，德雷克开始了他的游说工作。

“那时国家射电天文观测站的站长是罗伊德·伯克纳，他有点像科学界的赌客，全力支持这个项目。因此，就在最后一块肥嫩的法国牛排就着最后一滴可乐被咽下肚去的时候，奥兹玛项目诞生了。”

怀着对童年时期梦想的真挚热情，德雷克用翡翠城公主的名字来命名这个研究项目。在得到了观测站领导层的支持后，研究团队开始着手建造奥兹玛项目运行所需要的设备。到 1960 年春天，放大器、过滤器和其他无线电工程设备都已准备就绪[35]。

1960 年的 4 月到 7 月，德雷克每天工作 6 小时，将望远镜对准两颗目标恒星中的一颗。第一个观测目标是鲸鱼座 T 星，另外一个是波江座的天苑四[36]。

他后来在回忆录中写道：“每天清晨，当我爬到望远镜中心去的时候，都要与严寒做一番斗争……不过，在那一刻，就在我们搜索的第一天，当我们刚将望远镜对准波江座天苑四的时候，望远镜突然接收到了一个强烈的脉冲信号，发出嘀嘀的声音。”[37]

这个嘀嘀声让人激动得心脏都快要跳出来了，可是后来大家发现这只是一个故障信号，并被证明是人为的。实际上，这几乎是唯一一次让德雷克认为他们探测到了另一个文明。虽然奥兹玛项目从未捕获到任何来自外星的信号，不过它确实获得了其他一些非常重要的信息：对外星世界的想象[38]。就在费米在小范围内提出他的疑问 10 年后，一些科学研究团队已经开始认真地对待有关外星文明的问题。

当德雷克在绿岸基地对他的研究细节进行推敲的时候，朱塞佩·科可尼和菲利普·莫里森这两位物理学家发表了研究论文《寻求星际交流》。这篇论文发表在 1959 年的《自然》杂志上，这是科学界最权威的杂志之一。这两位物理学家认为寻找来自遥远的外星文明的信号的最佳方式是采用射电天文技术。宇宙尘埃会阻挡可见光，因此在我们的眼中银河系看起来就像布满了斑点。但是无线电波能够不受阻挡地穿过银河系中的尘埃，因此，在无线电波的照射下，银河系变得透明了，能够让天文学家从星系的这一头“看见”那一头。这意味着与发射可见光信号的文明相比，发射无线电波的文明能够在更远的距离被看见[39]。

德雷克也得出了同样的结论。科可尼和莫里森的论文的发表表明其他人的想法和他的不谋而合，但是这一进展让绿岸基地的新站长略感担心，此人不是别人，正是激发德雷克研究兴趣的奥托·斯特鲁维。直到那时，德雷克对自己的研究一直保持缄默。但斯特鲁维担心会被别人抢占先机，所以在短短的几个星期之后，他利用受邀在麻省理工学院演讲的机会，将奥兹玛项目公布于众[40]。

德雷克很快就开始接待源源不断的来访者，获奖的记者、神学家和商界的领军人物都长途跋涉来到绿岸基地。奥兹玛项目与科可尼和莫里森的论文一起成为我们对外星文明展开科学研究的转折点。到了1960年，人类一方面在濒临自我毁灭的危机面前踟蹰不前，另一方面又将视野投向了广袤的太空，寻找一种新的可能性。这两种技术的发展正在重新塑造人类的政治和文化，让人们对浩瀚的苍穹充满了遐思，激励了人类开始真正对寻找外星文明进行科学探索。

奥兹玛项目最终能够让我们利用特定而恰当的科学工具对一个有关外星文明的特别之问开展实质性的研究。一旦这个至关重要的门槛被跨越过去，那么有关外星文明的话题将会第一次从纯粹的科幻王国中走出来。一年之后，一个来自华盛顿特区的决定性电话让年轻的弗兰克·德雷克更加清楚地意识到了这项研究的重要性。

绿岸会议

J. 彼得·佩尔曼是美国国家科学院驻英国的一名办事员。1961 年夏天，他打电话给德雷克，向他发出一个了不起的邀约。佩尔曼是空间科学学院董事会的成员之一，他想让德雷克主持一次讨论“星际通信”可能性的会议。德雷克在奥兹玛项目结束后的几年时间里都很紧张不安，担心他的哪个同事在背后嘲笑他。于是，他立即同意负责召集这次会议[41]。

接下来就是商讨参会者的名单，德雷克很高兴地从佩尔曼那里得知不仅其他一些科学家也在从事外星文明研究，而且两个由政府发起成立的委员会已经着手研究这一问题。他们很快就一起拟定了一个包括 10 位科学家的名单，准备邀请他们出席这次会议。

在《自然》杂志上发表论文的科可尼和莫里森自然被排在邀请名单之首。德雷克推荐了达纳 · 阿奇利。他是一名无线电工程师，曾向奥兹玛项目捐赠了一个关键性的设备零件。惠普公司的“研发大咖”巴尼·奥利弗在奥兹玛项目期间曾经拜访过德雷克，他也在受邀名单之中。作为天文学的领军人物和绿岸基地的站长，奥托·斯特鲁维担任会议的主席，斯特鲁维又邀请他之前的学生黄授书加入会议小组。鉴于他们在化学领域的研究经历，他们又推荐了加州大学伯克利分校的科学家梅尔文 · 卡尔文，他发现了光合作用的化学反应过程，植物通过光合作用将太阳光转化为食物。当时还有风声说卡尔文将获得下一届诺贝尔化学奖提名。

拟定好名单以后，德雷克开玩笑道 ：“我们已经有了天体物理学家、天文学家、电子设备发明家和外星生物学家，现在我们只需要一个曾经和外星生物真正打过交道的人就可以了。”[42] 佩尔曼操着一口纯正的牛津口音毫不迟疑地告诉德雷克，他正好有这样的一个人选——约翰 · C.

立利。他是一位生物学家，在海豚研究方面颇有名气。立利宣称他的研究显示海豚具有和人类一样的智商，他还相信海豚拥有一套非常复杂的语言系统，并且他还能够解读出来。德雷克同意立利也应该在受邀之列。

此外，还有一位佩尔曼和德雷克都想要邀请的科学家，他比受邀者名单中的其他人都年轻。和德雷克一样，他也是一位将要开辟天体生物学未来的人物。1961 年夏天时，卡尔·萨根是一位刚刚进入加州大学伯克利分校担任助理研究员的博士。在伯克利分校，他曾经和卡尔文一起工作过，设计了研究生命形成机制的实验。尽管只有 27 岁，他却已经名声在外了[43]。

会议定在 1961 年 10 月 31 日召开，邀请函已经发出。德雷克和佩尔曼很快就高兴地发现几乎所有人都接受了邀请，只有科可尼回绝了（此后他再也没有从事过天体生物学方面的研究）。不过随着会议的临近，还出现了一个小问题。会议小组已经得知卡尔文将要获得诺贝尔化学奖，这个消息将在绿岸会议召开的那三天时间里宣布。卡尔文倒是愿意在绿岸基地收到来自瑞典的通知，佩尔曼和德雷克知道有必要开瓶香槟庆祝一下。然而，当时要想找到这种冒着泡泡的东西是一个不小的难题。

“弄到香槟在一半是沙漠的西弗吉尼亚州绝非易事，”德雷克后来回忆道，“西弗吉尼亚州给每个县配置了一家销售酒精饮料的国营商店，离观测基地最近的一家在一个叫作卡斯的乡村小镇上，大概有 16 千米的距离。观测基地当时配有一名司机，他是西弗吉尼亚人，虽然有一个非常普通的法国人的姓氏，但取了一个非常不合时宜的名字——Bererage（意为‘饮料’）。我考虑过让他去买香槟，但是这听起来有点滑稽。后来，我还是自己在周末开车去了一趟卡斯。”[44]

德雷克买了一箱香槟，然后回到了绿岸基地。

完成了所有的邀请工作，并悄悄地备好了香槟，现在德雷克只剩下制定会议议程这件事了。“我坐了下来，思考着要想发现宇宙中的生命，我们需要知道些什么。”[45]

德雷克本来只想理出一个基本思路来组织讨论，但是他的这个思路后来所产生的影响则远远地超出了绿岸会议的范畴，尽管那时德雷克还不知道他的想法将为整个天体生物学的未来确立一条基本准则。

由于会议的目的是探讨与外星文明建立通信的可能性，德雷克明白首先要搞清楚的一个问题是到底有多少个外星文明可以进行沟通。把它翻译成一个简单而明确的问题就是：在银河系中到底有多少个能够发射无线电信号且被地球接收到的外星文明？

银河系中大概有 4000 亿颗恒星[46]。假如外星文明的数量（假设为 N）非常少，那么搜寻外星文明成功的概率则会非常低，此外还有其他可能性，比如恒星数量太多而找不过来，或者宜居的星球太少而难以发现。假如 N 值很大（或许为数十亿），那么在一个外星文明冒出来之前，天文学家并不需要搜寻太多的恒星。

于是，德雷克想要找到一个能够估算出 N 值的方法。为此，他将该问题分成 7 个部分，每个部分都代表了一个在会议中可以让科学家进行详细讨论的子问题。最重要的是，在求解银河系外星文明数量 N 值的计算公式中，每个部分都代表其中一个因子。

下面就让我们逐一了解德雷克公式的这 7 个部分和他的外星文明之问。

1. 恒星的出生率

根据我们在地球上的经验推断，生命是在行星上出现的。那么，生命能否在行星之外的其他地方（比如星云，天文学家弗雷德·霍伊尔在他的那本著名的科幻小说《乌云》中曾提及）[47]形成呢？我们很容易提出这样的问题。假如生命的形成机制确如我们所知的那样，那么满足生物演化的条件就包括固态的星球表面、液态水以及其他一些化学物质。我们一旦把焦点锁定在行星上，那么也就将搜寻的重点指向了恒星。如果我们想要知道银河系中到底有多少颗能够孕育出外星文明的行星，那么首先就要知道银河系中到底有多少颗行星。这又意味着我们还要先知道那里有多少颗恒星。因此，德雷克公式先从每年银河系所诞生的恒星数量开始，天文学家用符号 N_* 来代表它。

2. 拥有行星的恒星的比例

一旦知道了每年形成的恒星的数量，我们接下来就可以了解在恒星周围形成行星的概率是多大。行星的产生到底是小概率事件还是普遍现象呢？我们只要稍微回顾一下历史就会发现这是一个非常古老的问题。不过，到 20 世纪中期，关于行星形成的问题再一次引发了天文学界的热烈讨论。

德雷克用比例来表达这个问题。他的这个问题就是，有多大比例的恒星周围能够拥有行星呢？他用符号 f_p 来表示这个数值。

3. 适居区（也称“金发少女区”）中行星的数量

每一颗恒星周围是否只能拥有一颗能够孕育生命的行星呢？显然仅仅这样提问是不够的。行星围绕着恒星旋转的轨道也是我们考虑有关生命、智慧和文明的产生这类问题时的一个关键因素。假如一颗行星距离恒星太近，那么它表面的温度就会太高，有生命体也会被烘干成原子形态。假如情况正好相反，即行星的轨道太大，它的表面则将处于永久性的冰冻状态，而且几乎处在一片黑暗之中。

在绿岸会议召开期间，奥托·斯特鲁维教过的学生黄授书刚刚完成对恒星与环绕在它周围的适居区轨道关系的研究。黄授书把这个区域界定为行星表面能够发现液态水的轨道带[48]。液态水被认为是生命孕育和繁衍过程中非常关键的一个因素。在黄授书所界定的适居区内圈轨道的边界，行星的温度正好低到能够让表面的水不沸腾；在外圈轨道的边界上，温度则高到足以不会让行星表面的水结冰。

德雷克和绿岸会议上的同人都想知道在适居区（指的是那些拥有行星的恒星周围）里有多少颗行星。换言之，那些表面既不太热又不太冷的行星又会有多少颗。于是，德雷克公式中的第三个可变因子就是恒星适居区中行星的平均比例，这个参数用符号 n_p 表示。

4. 孕有生命的行星的比例

德雷克公式的前三项都只涉及单纯的物理和天文学问题，而第四项则将化学和生物学研究引入到讨论中来。假定一个恒星系统中的行星恰好处在能让其表面的水保持液态的轨道上，那么在这样的一颗行星上能够产生最简单的生命体的概率又是多少呢？德雷克用符号 f_l 来表示这个因子。

值得注意的是，有关 f_l 的讨论主要围绕着在由非生命物质进入自我复制状态这一过程中所发生的化学反应展开。从无机到有机的转变被认为是“自发”的。20 世纪 50 年代早期，哈罗德·米勒在芝加哥大学所做的实验已经充分地证明，在一颗宜居的行星上生命自发形成并不是一件困难的事情[49]。

5. 能演化出智慧生命的行星的比例

第五个因子将我们从有关生命起源的生物化学领域转入生命演化的动态过程。在一颗已经诞生了有机生命的星球上，这些生命有机体能够继续演化为智慧生命的概率又是多少呢？德雷克用 f_i 表示能够演化出智慧生命的行星的比例。

6. 行星上能够发展出高技术文明的概率

第六个因子又将我们从生物演化理论转至社会学研究领域。假定一颗行星上已经演化出了拥有智慧的生命体，那么它能够发展出发达的技术文明的概率又是多大呢？这个因子用 f_c 表示，这个符号代表行星上能够产生高技术文明的概率。

基于现实性的考虑，德雷克把“高技术文明”界定为能够发送无线电信号的文明[50]。所以，按照德雷克的观点，虽然罗马文明无疑是一种文明，但是它不能算作一种高技术文明。

7. 高技术文明的平均寿命

德雷克公式中的最后一个因子给人的印象最为深刻：像我们人类社会这样的文明能够持续多久呢？在地球灰飞烟灭之前，我们还能期待人类文明存在几个世纪？摆在我们前方的还有几个千禧年？假如产生技术文明的概率足够大，我们就可以确定一个平均数，那么它们的平均寿命会是多少呢？

最后一个因子（用 L 表示）表示高技术文明的平均寿命在行星生命周期中所占的比例。德雷克要求参会的其他人在更深的层次上对外星文明进行社会学思考。当时有些讨论集中在对资源的过度消耗上，不过鉴于在 1961 年人类对于核战争的恐惧，德雷克把最后一个可变因子的讨论焦点放在了侵略性上[51]。是否大多数文明都像我们人类这样好战和侵略成性呢？在演化的过程中，他们会变得更加热爱和平吗？这些文明平均存活了多久而没有自我毁灭？

完整的德雷克公式

德雷克为绿岸会议议程选择了以上这 7 个问题，基本上每一个问题都会有海量的答案，每一个问题的背后又布满了谜团，令人着迷。每一个问题都是我们通向人类宇宙唯一性这一原初问题的答案的一个步骤或台阶。

在此，我们更加明确地指出，德雷克的首要问题是除了我们自身之外，银河系中还有多少能够发送无线电波的高技术文明？根据德雷克公式，就是 N 值会是多少呢？

把所有的子问题都罗列出来后，德雷克最终将它们整合成下面的公式。

$$N = N_* f_p n_p f_l f_i f_c L$$

德雷克公式的文字表述是：能够让我们接收到无线电信号的外星文明的数量（N）等于每年恒星形成的数量（N_*）乘以其拥有行星的比例（f_p）、行星适合产生生命的概率（n_p）、行星上实际孕育出生命的概率（f_l）、能演化出智慧生命的行星的比例（f_i）、智慧生命发展出高技术文明的概率（f_c）和这些文明的平均寿命占行星生命周期的比例（L）。

从这里你就能明白为什么科学家这么喜欢公式了。相比于用文字或语言表达需要花费一番口舌才能表述出来的想法，用公式只需要短短的一行符号就可以表达得非常清晰。

1961 年 11 月 1 日的早晨，绿岸会议的全体参会人员聚集在会议桌前。德雷克站着将这个新公式写在了黑板上，潦草的粉笔字看起来就像一行日本俳句，可就是这个公式为科学家们提供了进行外星文明研究的一个指南、一个框架和一条基本原则，而它所要表达的还远不止于此。

在谷歌学术的搜索引擎上搜索“德雷克公式”，就会显示出上千条的论文信息。在亚马逊网站上进行类似的搜索，显示的结果则是五花八门，从学术类图书到科幻小说、T恤，甚至还有一个镌刻着这个公式的铝合金戒指。自从德雷克公式公之于众之后，它就频繁地出现在科学会议、杂志文章和其他各类文献当中。

“我到今天都觉得非常不可思议，”德雷克后来写道，“这个公式出现在大部分天文学教材中的显眼位置，而且它还会被大大的提示框圈住。”德雷克略带幽默地补充道：“我总是很惊讶地发现，虽然它已经被人们当作了科学典范之一，但没有人对我本人进行深入的调查和研究。不过就像现在大家所看到的，我们可以用一个公式表达出一个伟大的想法……即便是初学者也能够被它吸引。”[52]

要想了解德雷克公式的重要性所在，你必须将它与其他公式区别开来，它并不是一条物理定律。爱因斯坦著名的相对论公式 $E = mc^2$ 表达的是有关宇宙运动的基本定律，而这个公式阐释的是我们对自然界自身运行方式的一种理解。另外，德雷克公式表达的是我们对自然界的未知部分的描述。太空中到底存在多少外星文明？这个公式告诉我们，为了得到这个特定问题的答案，我们还需要知道些什么。

在德雷克之前，对外星文明的科学探讨还处在发散性阶段。在科学杂志、图书和热点文章上出现的都是一些零零碎碎的想法，既没有建立一个足以开展相关性研究的基本框架，也没有任何理论性和实践性的研究。通过把这个问题拆分为 7 个子问题，德雷克勾勒出了一条思考这个问题的有效路径，也提供给科学家一些能够开展研究的依据，让他们得以开展具体的研究。

对于公式中的每一项，人们都能够运用现有的手段和方法进行独立的研究。天文学家可以研究前3项，生物学家能够思考接下来的第四项和第五项，社会学家和人类学家则可以探讨最后的两项。当然，大部分工作还只是猜想，但至少这些猜想有了一个焦点并具备了一定的科学性基础。

看来只要假以时日和具备足够的耐心，我们就能在各个领域里取得相应的进展。对化学反应的研究使得生物化学已经进入生物基因层面。对地球上生命演化过程的研究揭示了导致智慧产生的认知模式是如何出现的。当然，或许有些参数项（如文明的平均寿命）永远都不会为人所知，但像拥有行星的恒星的比例这样的参数当时在绿岸会议上被认为是手到擒来的。此外，即便是离我们最近的恒星也有4.22光年之远，好在太阳系的行星们相对近一些。假如我们能够在火星或者太阳系的任何一个其他地方发现一丁点生命（最简单的生命形式）的迹象，这都会给研究第一个生物学方面的因子提供非常有建设性的信息。

德雷克公式给天体生物学带来的是一种重新思考这个领域的方式。在这个过程中，它改变了我们对生命、文明乃至我们自身的理解。

德雷克公式也使绿岸会议取得了圆满成功。从恒星的出生率开始，一直到高技术文明的平均寿命，9位参会人员分别对这几个不同的参数进行了颇有见识的估算。历史将证明他们的确是一群满怀乐观期待的人，他们给出的公式中所有概率估算的数值都非常接近1。不过，耐人寻味的是，对于德雷克公式的最后一项（高技术文明的平均寿命），大家都持悲观态度。

一个文明以自我毁灭的方式来结束自身演化进程的能力让与会者们非常纠结，在我们思考如何搜寻外星智慧生命的过程中，它很可能成为一个很大的瓶颈。正如德雷克后来所写的，绿岸会议的与会者们相信“文明的寿命既可能非常短（不超过1000年），也可能非常长（上亿年）”[53]。

最后，与会者们都同意最后一个因子才是最重要的。现在银河系需要再次成为流行话题。我们的文明和其他文明之间存在着时间上的重叠，这意味着宇宙中有等待我们接收的信号。这也意味着其他文明需要维持几百万年的时间，而这个时间对于绿岸会议的与会者来说只不过是须臾之间。

就在会议即将结束的时候，德雷克和他的同事开启了一瓶早已准备好的香槟（诺贝尔奖委员会在会议第一天的半夜就给卡尔文打来了电话）。在大家高高地举起酒杯的时候，奥托·斯特鲁维说了一句祝酒词：“向L致敬，祝愿它将是一个非常大的数。”[54]

气候变化

1965年，就在斯特鲁维发表祝酒词3年多后，林登·约翰逊总统站在人类自身的角度更加明确地提及了有关文明寿命的命题。在一次出席国会的联席会议时，他说道：“这一代已经通过……在全球范围内改变了大气层的构成，燃烧石油让二氧化碳含量持续稳定上升。”[55]

针对著名气候科学家查尔斯·基林、罗杰·雷维尔及其他人所发布的有关二氧化碳危害的报告，约翰逊当着大伙的面做了简短的通报。约翰逊不仅意识到了这个问题，而且他非常重视这个问题，甚至不惜在国会上提及。很多否认气候变化的人宣称所谓全球变暖不过是近几年来兴起的一个骗局，约翰逊在演讲中所说的那句简短的话则让这种说法不攻自破。确实，科学地研究人类行为对地球所产生的影响这一做法可以追溯到一个多世纪之前。正如约翰逊在演讲中所表明的，在50年前，我们对此问题的认识已经足以引起政治及政策层面最高级别的关注。

不过，虽然这些在各自的领域中都是佼佼者的科学家最早注意到了由人类引发的气候变化，但这和整个人类文明形态的更替是两码事。某位总统的一次演讲并不能马上让人联想到这将会是一个有关人类自身及其在地球上地位的最有影响力的判定。这还有待时间和事件本身的演化去检验。就拿工业革命来说，世界上第一家工厂的创建并不能马上宣告工业革命的到来。只有当人们开始成群结队地从农村迁往城市，并在那里开始一种全新的日常生活时，我们才开始认为人类已经进入了工业时代；也只有到了这个时候，我们才为自己建构了一种全新的叙事版本，这种版本的文明形态让钢筋水泥、塑料和石油占据了我们这颗星球。

因此，我们也才刚刚跨进人类世的门槛。自约翰逊发表演讲至今，我们逐渐熟悉了冰川融化、热浪滚滚以及城市被洪水淹没这样的景象。气候已经发生变化，世界将会变成怎样？对于这些现象，我们才刚刚开始经历。1965年，当约翰逊在国会上发表演讲的时候，人们对于这种宏大叙事还是非常陌生的。

约翰逊那天演讲预定的主题是环境保护。这离生物学家瑞秋·卡尔森在《寂静的春天》中就杀虫剂对环境的影响发出警告才过去了几年时间，而让禁止在大气层中进行核弹试验的法案生效则用了更短的时间。在20世纪50年代，冷战让人们对毁灭性打击充满担忧，而到了20世纪60年代中期，一些人开始意识到在当下这个文明形态下，即便日常的实践活动都有可能给这颗星球造成影响。

不过，全球范围的可持续发展是人类想要告诉自己的一个全然不同的故事版本，它需要一个更深刻、更富有想象力的头脑来创造。就在约翰逊发表演讲的时候，有关未来气候危机的命题才刚刚被一些科学家添加上去。就站在行星的角度来认识地球而言，他们才踏出了第一步。这些研究者首次认识到，我们需要从整体上来认识地球，要把它看作一个独一无二的、各部分紧密联系的系统，就像一台巨大无比的机器。

富有讽刺意味的是，这种因新视角产生的迫切需求却是出自战争的目的，历史似乎往往如此。随着远程导弹和洲际导弹的出现，冷战分子忙着站在大气层的高度去想象地球。他们非常关心气候条件对战争的影响，这是他们鼓动政府投入资金开展气候研究的部分原因。在格陵兰的冰川之下，美国政府建造了一个核动力实验室，专门研究 1000 年以来气候类型的变化。装满设备的船只在大洋之间穿梭，研究驱动深海洋流的动力。最重要的是，正是同一个挑起核战争危机的洲际弹道导弹系统将科学考察卫星送入轨道。这些卫星将俯瞰大地，研究这颗星球。

还有一些不惜成本的行动在全球范围内得到了广泛的开展。这些行动有助于我们建构出一种关于这个文明形态及其对星球的影响力的全新认识。

1960 年，刚刚成立的美国国家航空航天局成功地发射了第一颗气象卫星——“泰罗斯”。1962 年时，“泰罗斯”开始不间断地将地球的气象信息传送回来[56]。在“泰罗斯”的注视下，突如其来的飓风肆虐人类的事件将大幅减少。这是人们第一次把地球当作一个悬挂在太空中的球状星体来看待。

在最早传送回来的影像中，我们看到了“泰罗斯”在大气层之上捕捉到的那条优美的弧线——地平线，那个画面激发了我们对人类共同体的想象。

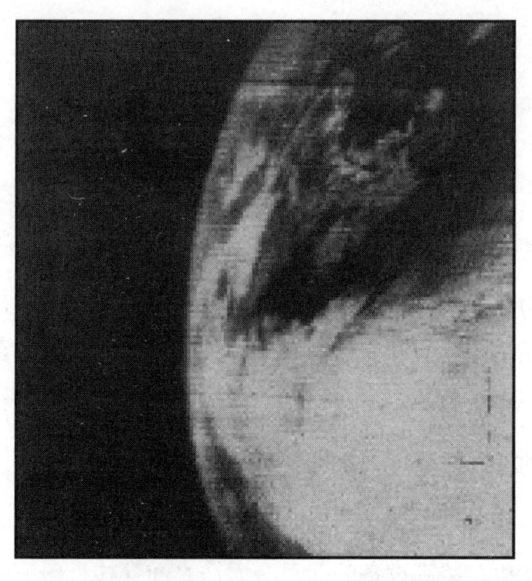

气象卫星拍摄到的第一张地球图片，摄于1960年（美国国家航空航天局）

到了 20 世纪 60 年代中期，各种信息开始汇集到一起。“泰罗斯”传回的图像、约翰逊就二氧化碳所发表的演讲、费米在午餐时的洞见以及德雷克组织的绿岸会议，这些建构我们现代文明拼图的碎片开始慢慢地拼接在一起，每一个碎片都代表我们在当时所迈出的第一步。在浩瀚星空的映照下，我们开始重新审视人类的文明形态。费米和德雷克代表的是科学家的新认知，他们把人类文明形态放置到宇宙中，与那些恒星、行星以及各种可能的存在一起进行考察。同时，由于冷战危机而兴起的气象学研究则唤醒了其他领域的科学家，让他们认识到要在一个更宏大的星系背景下去讲述地球的故事。这个系统为太阳所维系，包括我们人类在内的生命是在这个背景下演化出来的。最后，约翰逊的演讲表明，人类文明给这颗星球所施加的影响正向文化和政治领域渗透。

一个人类故事的全新版本、一个崭新的人类神话正在产生，这个宏大叙事的框架已初见雏形。在这个框架下，人类及其文明不可避免地和整颗行星的演化机制捆绑在一起。当时很少有人能看到这个新的故事版本里涌动着的力量、危害以及希望。它还太年轻，一切都未成形。如果要进一步确立这种新的视野，则需要我们离开地球家园，投身到浩瀚的太空中去，成为宇宙中的旅行者、流浪者。届时太阳系中众多的行星姐妹会向我们述说它们的秘密。在人类的历史长河中，这恐怕是第一次。

第2章　机器人使者说了什么

太空流浪者

佛罗里达的阳光照射在大西洋上，蔚蓝色的海面上波光粼粼，然而杰克·詹姆斯则笼罩在一片愁云当中。1962 年 7 月 22 日真的是非常糟糕的一天。这位在得克萨斯州出生的工程师是美国国家航空航天局“水手计划”的一名工程经理，该项目的目标是向另一颗星球发送第一位美国“信使”——无人探测器。詹姆斯两年多前得到这份工作。在 20 世纪 60 年代早期的太空竞赛中，詹姆斯的项目与其他的太空项目一样都是非常急迫的，大家全年无休地工作着。然而此时此刻，他们所有的心血毁于一旦，“水手 1 号”探测器发射失败，最终沉到了大西洋的海底深处。

詹姆斯和他的团队耗费近 14 个月的时间设计并建造了“水手 1 号”探测器，想要将它发射到金星上去[1]。那时，月球一直是太空竞赛的首要目标，美国所创下的纪录是用火箭发送了一个塞满电子元器件的奇形怪状的盒子，这都说不上是一项什么类型的成果。而苏联则更胜一筹，该国已经向月球发送了 9 个探测器，其中 3 个成功地在月球上着陆。美国发送了 12 个，却只有一个成功着陆[2]。此刻，对美国国家航空航天局来说，再赢一局显然是不够的，它需要取得一些突破来盖过苏联的风头。这就是为什么委派给詹姆斯的工作任务如此大胆，“水手 1 号”越过月球，直奔其他行星而去。

“水手 1 号”的设计目标是对金星实施一次飞掠。金星的运行轨道与太阳的距离要比地球的近 30%，但其体积和密度跟地球差不多[3]。探测器最初的设计要求是承载重达 570 千克的科学设备、通信设备、太阳能电池板、火箭发动机和燃料。但是，由于发射“水手 1 号”的新一代火箭助推器的动力需要更强劲，进入太空后依然能够运转，因此美国国家航空航天局的高层要求对探测器重新进行设计。詹姆斯和其团队被迫迅速削减掉“水手 1 号”超过 2/3 的质量。

詹姆斯指导他的团队仔细检查设计中每一处需要改动的地方以及有待攻克的难题。他们一直以这种方式进行合作。在世人的注视下，在 7 月的一个清晨，携带“水手 1 号”的火箭喷射着滚滚的浓烟冲上了佛罗里达州的上空。在最初时刻，发射过程看起来非常干净利索。但是很快，阿特拉斯助推器的尾部开始冒烟。每一次发射都有一个安全监控官，其主要职责是一旦发现火箭出现可能要坠落与地面发生撞击的迹象，他就要将火箭炸成碎片。在火箭飞行了 4 分 53 秒（“水手 1 号”成功地与主体助推器分离了 6 秒）之后，安全监控官摁下了按钮[4]。

砰！

在火箭爆炸后的整整 1 分钟内，遥控室里还能接收到探测器在从高空一直坠入深海的过程中发出的信号[5]。至少“水手 1 号”还是经得住考验的。

他们离成功只有一步之遥。只要再有 6 秒，他们的探测器就能踏上前往金星的征途。

在詹姆斯驾车返回他在可可海滩租住的公寓的路上，收音机里正播放着雷・查尔斯的歌曲《注定失败》，他感到从未有过的绝望。多年后，他还会想起所有太空工程师都知道的那句话：“要想成为一个太空飞船上的英雄，你需要无数个正确的操作，可离成为失败者只有一个错误的距离。”[6]

虽然此时詹姆斯和他的团队陷入了巨大的困境，但他们还没有出局。这个已经被摧毁的探测器还有一个孪生兄弟——“水手 2 号”，此刻它正位于卡纳维拉尔角[7]。他们还有一次成为英雄的机会。

金星之谜

按照太空竞赛的逻辑，在向月球发送探测器之后，下一个目标不是火星就是金星。它们都是与地球邻近的星球，都处在数月之内能够到达的距离内。与需要 3 天行程的月球之旅相比，这又更上了一层楼。这两颗行星长期以来都是幻想家们寄予厚望的适合外星生命居住的温和星球。

金星更接近太阳，因此它所能得到的太阳能是地球的两倍[8]。这也是为什么最初有那么多的天文学家把金星想象为一颗有着热带雨林般环境的行星。1870 年，卡米尔・弗拉马里翁（《多样化的星球》的作者）描述道，金星的陆地表面有着辽阔、湿润的平原，比喜马拉雅山还要高的山峰环绕其间[9]。这幅景象不禁令读者浮想联翩。

弗拉马里翁在1884年出版的作品《空中的领地》中幻想的金星上的景象

弗拉马里翁让读者相信金星是一个生机盎然的世界。他说："金星上的居民到底长什么样呢？……我们所知道的就是那里的居民肯定和人类略有不同，不过这颗行星是最接近我们地球的星球之一。"[10]

但是，随着天文观测能力的提高，人们得知，这个原来人们想象中的热带雨林可能是一片火海。18 世纪晚期的天文观测结果显示，金星上空常年被云层围绕[11]。而到了 20 世纪中期，人们发现金星的大气层里含有大量的二氧化碳。而地球大气层中氮气占 78%，氧气占 21%，其他成分占 1%。在我们呼吸的空气中，二氧化碳的含量只有 0.039%。正如我们已经知道的，这个分子的含量恰到好处地只占非常小的一部分，却在生命演化的进程中发挥了重要的作用。而金星大气层中的二氧化碳含量太高了，在所有气体中所占的比例超过了 95%[12]。

由于如此高的二氧化碳含量，金星注定是一个与地球全然不同的地方。到了 1956 年，天文学家获得了第一个证据证明这两颗行星的不同。运用弗兰克·德雷克在绿岸基地时使用的同一种射电天文技术，来自海军研究实验室的科学家搜集到了金星表面的温度高达 315 摄氏度的证据[13]，它可比水的沸点要高出 200 多摄氏度。假如海军研究实验室的结果正确，那么弗拉马里翁的判断可就大错特错了，因为在这么高的温度下，他推测的金星上的沼泽地中的水分早就蒸发干了。更重要的是，315 摄氏度的温度实在太高，任何生命形式都不可能存活。看起来金星最像的地方并不是地球，而是地狱。

地质学的发展以及它对地球的研究已经有很长时间了，而行星学（以所有行星作为研究对象）则是一个崭新的领域。海军研究实验室的这个研究结果在这一小群自称为行星科学家的研究者中间掀起了一场风暴，其结论和几年前的一项研究结果有冲突：另一个团队曾估计金星被一片环绕整个行星的海洋所覆盖[14]。但是海军研究实验室的资料显示，金星上的温度堪比一个正在烘烤比萨的烤箱内部的温度，那里不仅没有海洋和湖泊，哪怕连一杯水都见不到。

为此，一些科学家认为海军研究实验室的研究结果没有得到正确的解释。他们宣称，热量不是来自金星的地表，而是来自在太空的恶劣条件下金星大气层边缘所发生的猛烈的、核弹规模的反应过程[15]。

要搞清楚这个问题，恐怕单凭地球上的设备的观测能力是远远不够的。即使利用今天最好的望远镜也无法看清金星这个大圆盘的细节，我们无法判断如此高的温度是来自金星表面还是缘于其大气层上空的反应过程。想得到更加详细的资料，就得发送一个能够接近金星的空间探测器。

不过天文学家要想解开金星气候的谜团，仅仅靠这样的一个太空任务是不够的。海军研究实验室的研究结果让科学家们震惊不已，因为没有人能理解怎么可能会是这样的结果。虽然金星离太阳更近，但是这最多使它的表面温度比地球高几十摄氏度而已，而不会是 200 多摄氏度[16]。假如金星表面的温度真的达到 315 摄氏度，那到底是什么因素造成了这颗本该在很多方面都与地球相似的行星最终却与地球有着天壤之别？我们需要一个理论来解释金星上这不可思议的高温产生的原因。

这个使命将由正在攻读博士学位的卡尔·萨根完成，尽管那时没有人能够猜到萨根的工作不仅解决了有关金星的难题，而且它提供了一个平台，让我们能更深刻地理解我们这颗已进入人类世的星球。

温室效应

尽管萨根已于 1996 年去世，但他依然是世界上最为人熟知的科学家之一，他的照片经常出现在科普杂志的封面上。萨根出生于 1934 年，他是个犹太人，父母属于布鲁克林的劳工阶层。萨根对于科学的挚爱始于青少年时期的一次旅行，当时他去参观 1939 年的世界博览会。而他对其他星球上的生命产生毕生的兴趣还在稍后一点的时间。作为一名青少年，他经常阅读《惊悚科幻》杂志和像 H.G. 韦尔斯这样的作家的作品[17]。

后来，萨根进入芝加哥大学学习，在那里他学会了同时运用科学家和人文主义者的视角来思考问题。正是这种文理兼修的经历才使得成千上万的人对萨根的通俗读物和电视节目心服口服。从芝加哥大学毕业后，他搬到了位于威斯康星州的叶凯士天文台西北 145 千米的地方居住，在那里他开始攻读博士学位[18]。

天体物理学专业的研究生学业需要几年时间全身心地投入。首先，要参加一个高级学习班，进行基本理论和观测基础方面的学习。只有经过这些最初阶段的学习之后，学生才能独立地开展研究。萨根抱着对外星生命的浓厚兴趣来到叶凯士天文台，他把毕业论文的研究方向定在了行星学和我们现在称为天体生物学的交叉领域，并选择了3个子课题，其中第一个便直指金星上的气候谜团。

萨根提出的问题非常直白：什么样的反应过程才可能导致金星的表面如地狱般灼热？为了寻找答案，他对几十年来的科学研究文献进行了整合，并最终得到了一个答案，那便是今天已经为我们所熟知的温室效应。

一颗类地行星没有大气层的话将会是一个被厚厚的冰层所覆盖的地方。这个结论只需要几个基本的物理公式就能表达出来。阳光照射在行星上，使得它表面的温度升高，而受热的地面会进行反射，我们称之为热辐射，它是受热的原子加速运动后所产生的一种电磁波。任何物体的温度只要超过绝对零度，都会向周围发射热辐射，包括此刻正在阅读本书的你的身体。

我们星球的温度要能够保持稳定和恒定，则照射进来的能量必须和辐射出去的能量保持均衡。热量其实是一种能量形式，假如地球的温度要保持恒定，那就意味着进来的太阳能和出去的辐射能必须保持平衡。科学家称这种平衡所对应的温度为行星的均衡温度。

计算一颗行星的均衡温度所需要的基本物理知识，大部分学生在天文学专业一年级的学习中就已经学到。只要运用数学方法计算一下，所有的学生都会得出一个令人吃惊的答案：如果没有大气层，地球的均衡温度只有零下18摄氏度，远远低于水的冰点[19]。

从日常经验中我们知道，地球的大部分表面并未结冰。事实上，这颗行星目前的平均表面温度是16摄氏度[20]。这是一个非常温暖适宜的温度。通过某种方式，我们的行星设法让自己保持在一种温暖状态，足以让它表面的大部分水处于液态，而不是固态（冰）和气态（水蒸气）。而让温度升高的正是它的大气层，围绕在地球周围的大气层就像毯子一样使得地球的均衡温度维持在冰点之上。这具体是怎么发生的呢?

在万里无云的晴朗天气里，我们能够清晰地看到太阳，这就说明地球上空大气层内的大部分气体对照射进来的阳光中的可见光来说是透明的。太阳光中可见光部分的电磁波穿越我们的大气层就像穿透一扇洁净的玻璃窗一样毫无障碍。然而从温暖的地球表面反射出去的热辐射不是光谱中的可见光部分，而是波长更长的红外线，肉眼是看不到的。所以，当阳光自由地穿透大气层照射进来时，地球温暖的表面也在向外辐射波长更长的红外线，这是一个和前者完全不同的过程[21]。

就像在寒冷的冬天里我们披在身上的毯子一样，包裹着地球的这层大气能够储存热量，否则热量就会散失掉。正是这些被储存起来的热量使得地球表面的气温高于冰点。实际上，温室的工作原理与此类似，窗户允许阳光照射进来，却阻止了温暖的空气散发出去，于是就有了“温室效应”这个名词。

温室效应对于研究地球的科学家来说是一个古老的课题。1896年，诺贝尔奖得主、化学家斯凡特·阿伦尼乌斯发现了地球上的温室效应对人类的影响[22]。使用一个简单的数学模型，阿伦尼乌斯就演示出了地球变暖的物理特性，对地球的大气层如何暖化我们这颗行星进行了解释。更为重要的是，他的计算还进一步揭示了人类的实践行为又是怎样加剧这种温室效应的。通过煤炭消耗的记录，阿伦尼乌斯发现我们已经向大气层中排放了太多的二氧化碳，足以破坏原有的能量均衡。他以煤炭消耗的数字资料预测，假如人类继续向空气中排放二氧化碳的话，那么就会让地球上的气温逐渐升高。他用铅笔和纸计算出来的预测结果是全球的温度将因此升高 5 摄氏度[23]，这与现代的预测结果非常接近。今天，对于那些拒绝承认人类行为对气候变化产生了影响的人来说，要是他们知道竟然这么早就有人意识到了这一点，恐怕会大吃一惊吧。

萨根想在阿伦尼乌斯的基础上稍稍再往前迈进一步。他认为地球上的规律也一定适用于遥远的行星，温室效应一定是普遍存在的。因此，萨根给自己设定了一个目标，即先计算出金星上的温室效应，再看这个结果是否能够解释金星上的极端高温。在威斯康星寒冷的冬日里，萨根一头扎进叶凯士图书馆里查阅文献资料，他自学了与大气层吸收红外线并造成行星变暖有关的基本物理知识。经过几个月废寝忘食的工作，他终于找到了答案。金星上的大气层富含二氧化碳，因此能够储存更多的热量，这足以让其表面温度慢慢地攀升到 315 摄氏度，这和海军研究实验室的研究结果相吻合[24]。这颗星球因为温室效应而变成了一个锅炉。

今天，科学家已经意识到宇宙中任何地方的行星都会有这样的效应。虽然每一颗星球都有自己独一无二的故事，但是演绎这些故事的主角几乎相同，它们是气流、引力和化学反应。地球也不例外，我们将明白这是我们在人类世学到的第一课。但是当卡尔·萨根独自在叶凯士图书馆中埋头钻研的时候，这种站在宇宙的角度将地球视为宇宙中的一颗行星的研究视角非常新颖。除了几乎要被人忘却的为数极少的几项研究之外，萨根几乎可以说是将地球上的温室效应应用到另一颗星球上的第一人。“据我所知，几乎没有人对金星上的温室效应感兴趣……”他后来回忆道，“我其实也是瞎猫碰上了死耗子，撞上的。”[25]

一个活生生的地狱

火箭工程师兼项目经理杰克·詹姆斯只有一天的时间来哀悼损失掉的“水手 1 号”。发射窗口已经经过精确计算，从地球到金星的飞行轨迹也被锁定好了。这个窗口将在一个月内关闭。詹姆斯的团队需要让“水手 2 号”做好立即发射的准备。36 天后，1962 年 8 月 27 日凌晨 2:53，“阿特拉斯 – 阿金纳”运载火箭喷射着火焰，从地面腾空而起。

虽然这一次发射成功了，但是也只能算是险胜。在火箭将要与“水手 2 号”分离的前几秒，火箭的一个姿态控制发动机突然关闭，导致火箭突然不受控制地旋转起来。就在所有人都担心着另一场失败的时候，本次发射过程的“七大奇迹”中的第一个出现了：在即将摁下炸毁按钮的瞬间，火箭又旋转着回到了设定的飞行轨道上来，恢复了控制。随后第二级火箭点火，“水手 2 号”踏上了飞向金星的征途。

探测器将在浩瀚的星际空间飞行 4000 万千米，耗时 3 个月。在这期间，“水手 2 号”的关键部件又发生了 6 次故障，差点导致任务失败。比如，一个太阳能电池板曾突然停止工作；空间探测器的温度上升到危险区间；在靠近金星的时候，控制面板的计算机没能将设备切换到“遭遇模式”。不过每一次灾难都被化解，有的是它自己调整好的，有的是詹姆斯领导的团队在美国国家航空航天局的喷气推进实验室里找到了变通的方案[26]。

“那天晚上我不停地接电话，”詹姆斯后来回忆道，“我的神经绷得紧紧的，于是我要求每一个给我打电话的人开口第一句话先说‘有一个问题’或者‘没有问题’，而我接到的好几个电话都以‘有一个非常严重的问题’开头”[27]。

尽管遇到了各种困难，1962 年 12 月 14 日“水手 2 号”还是飞到了距离金星 35000 千米的地方，这个距离相当于这颗星球直径的 6 倍。“水手 2 号”发送给喷气推进实验室的资料清晰地表明，海军研究实验室的研究结果和卡尔·萨根的温室效应理论是正确的。灼热的温度并不是在高空大气层中，而是在星球的陆地表面。金星确实就像一个活生生的地狱[28]。

随着空间技术的日渐成熟，支持萨根提出的金星温室效应模型的证据就更充分了。随后的 50 年间，超过 20 个探测器访问了我们的姐妹星球。有一些通过云层穿透雷达绘制出了高分辨率的金星表面地图，其他的探测器对这颗行星的大气层构成进行了非常详细的研究，包括以每小时几百千米的速度掠过行星表面的飓风。苏联的探测器甚至在金星表面成功着陆，它在被金星上的极端高温以及足以压扁一艘核潜艇的高压摧毁之前坚持工作了几小时[29]。

这一系列研究描绘出这样一个画面：在这颗星球上，二氧化碳的温室效应像脱缰的野马横冲直撞，这种灾难性的现象叫作温室效应失控。它的发现对我们理解地球上的气候循环起到了至关重要的作用。

行星大气层中的二氧化碳含量升高的自然途径主要是火山喷发。熔化的岩浆冲破地表喷薄而出，排放出大量的二氧化碳。金星雷达图像上的大量证据显示，在刚过去的这段时间里（意思是指过去的几千万年间）就有火山喷发的现象。不过，火山所释放出来的气体和灰尘能够被水冲刷掉。经受了雨水和河流经年累月的冲刷和侵蚀，岩石被分解为基本化学分子的形式，随后这些化学分子又和二氧化碳结合，转换为固体形态，即形成新的岩石。这就是碳酸盐类矿物质形成的基本过程，迈阿密地下的石灰岩也是这样形成的。

这样，火山喷射到行星大气层中的二氧化碳能够重新返回到地面的岩石中去。岩石又逐渐被水冲入低洼地带，在等待下一场火山喷发的过程中被溶解，释放出的二氧化碳再次回到了大气层中。正是这个循环决定了大气层中二氧化碳的含量，并产生了温室效应。看起来这样的循环在金星上也曾经发生过[30]。

金星雷达图像的某些地方显示，金星上似乎曾经有更多的水。它或许曾经拥有过海洋，并且一度生机盎然，然而当其中一些水分慢慢蒸发并进入高高的大气层中时，死亡之旅便开始了。在接近太空的边缘地带，太阳光中的紫外线（能导致皮肤癌）碰到水分子时，会将它们分解为氢和氧。氢是所有元素中最轻的，一旦水分子被分解，氢就很容易离开行星进入星际空间。没有了氢原子，分解后的水分子就没有机会再重新形成了。这个过程在大气层内频繁发生，水就这样不断地从金星上流失到太空中[31]。

行星上水的流失导致了科学家所谓的气候正向反馈机制。更多的水流失意味着更少的岩石风化，形成岩石的二氧化碳更少，大气层中滞留的二氧化碳更多，就会进一步加剧温室效应，导致温度升高，而温度升高又会造成更多的水流失……你该理解了吧，就是这样一个循环往复的过程。

与金星所不同的是，地球上没有水流失的危险。地球的大气层中有一个特殊的冷却层，大概距离地面 20 千米，在那里水蒸气会凝结，然后以降雨或者降雪的方式重新回到地面。这就阻止了水分子上升到更高的空中。金星上曾经也存在这样一个被科学家称为“冷却带”的地方，但是在某个时候，大气层的结构发生了变化，这就使水分子得以上升到更高的空中，在那里被分解，然后永远地消失了[32]。

地球能够牢牢地将水维持在地表附近，其中二氧化碳循环是一个负反馈机制。负反馈机制使大气层中的温度只发生轻微的变化，而不至于失去控制。假设地球的气温突然跃升了几摄氏度，负反馈机制所做出的反应就是更高的温度会引起更多的水分蒸发，而更多的水分蒸发会产生更多的降雨，更多的降雨会导致更多的蚀化，而更多的蚀化会让更多的二氧化碳参与合成岩石。于是，空气中二氧化碳的减少使得温室效应减轻，地球的气温也就相应下降。

金星的故事给了我们一个有关温室效应失控的活生生的例子。它帮助我们了解到了星球气候的正反馈和负反馈机制，也促使我们更深刻地去思考物质和能量之间的循环转化关系，从而了解这种关系如何塑造或者改变了一颗星球的特征。发往金星的“水手 2 号”探测器让我们清晰地看到一颗曾经像地球的孪生兄弟的行星是如何变得面目狰狞的。通过将早期有关地球研究的成果用于金星研究，刚刚兴起的气候科学被输送了新鲜血液，使得它的研究领域大大拓宽了。这就像研究某种疾病病理的医生需要知道健康机体的基本工作机制一样，金星上温室效应的失控可以看作一个实验，让我们得以去认识大气层和地表之间的交互作用，正是这种交互作用塑造了像地球这样的星球。

通过对行星的这些最初的探索，我们对行星的规律也有了初步了解。我们开始尝试用太阳系的运转规律去概括出一些所有行星都必须遵循的一般法则。像杰克 · 詹姆斯这样的先锋者所完成的早期太空飞行任务以及像卡尔 · 萨根这样的科学家所从事的早期理论研究，为我们最终成长为一个星际物种迈出了第一步。我们第一次如此深刻地意识到，与其他的创造物相比，人类并没有什么不同。

值得一提的是，虽然当时大家都承认卡尔 · 萨根为预测金星上异常活跃的温室效应立下了汗马功劳，但是他的名字并没有出现在对“水手2号”探测成果进行相关报道的报纸上[33]。在项目的早期，萨根也曾是“水手号”设计团队中的一员。他曾经据理力争，要求在探测器上增加一个照相机（但他的提议被否决了）。然而，就在杰克·詹姆斯领导的团队为赶项目的进度而拼命工作时，有人觉得萨根没有全力以赴。后来证明他们的指责并非无中生有，萨根的私人生活出现了一个危机，这让他无法像团队所期待的那样做出应有的贡献。

1957年，当萨根还在攻读博士学位的时候，他就与琳恩·马古利斯结婚了。她当时是一个非常漂亮的、涉世未深的学生（那时她的姓氏还是亚历山大）。他们刚认识的时候，马古利斯没有立志从事科学研究。萨根让她接触到了一些有关行星和生命的问题。这在这位年轻姑娘的内心埋下了种子。当他们的孩子出生时，她开始攻读生物学专业的研究生学位。然而，萨根全年无休的工作日程使得抚养孩子和打理家务的全部重担都落在了马古利斯肩上，于是她带着孩子离开了萨根，让他自己和超负荷的工作待在一起[34]。不过，在科学史上另一个伟大的转折时刻，琳恩·马古利斯还会再回来，她在有关生命和星球之间纠缠的历史研究中扮演了一个同等重要的角色。不过在那个故事上演之前，萨根和其他人的目光又投向了火星。

岩石星球——火星

史蒂文·斯奎尔斯是耗资数十亿美元的火星漫游车探测项目的首席科学家，此刻他非常淡定。虽然这个计划大胆而疯狂，但这并不意味着他就要因此而紧张不安。2004年1月25日夜，“机遇号”探测器准备着陆。

斯奎尔斯此刻正在美国国家航空航天局喷气推进实验室的控制室里等候。在4.8亿千米之外，"机遇号"探测器被固定在正在下落的太空舱里，以19300千米/小时的速度冲向火星。自6个月前从地球出发进入太空以来，"机遇号"探测器一直在前往这颗红色星球的征途中。但是和之前的几次太空飞行任务一样，这次也不能保证它能成功地降低速度并轻松地进入火星轨道。果然，这个价值4亿美元的探测器笔直地冲向它在火星上的着陆区——子午线高地，火星赤道南部的一块宽阔的平原。

在"进入轨道""降落"和"着陆"等一系列指令的引导下，"机遇号"探测器从太空中直接冲向火星，与火星上稀薄的大气层发生摩擦后，速度会降低一点。届时，一个超音速降落伞会打开，这能让太空舱的速度再减慢一些。假如一切都按计划进行，探测器会离开太空舱，它们之间仅凭一根20米长的缆绳连接。在继续下降的过程中，一个巨大的气囊会膨胀包裹住探测器。在离地面大概30米时，反射推进火箭开始点火，让整个飞行器停下来。探测器被气囊包裹着，悬挂在离地面12米的地方。然后缆绳被切断，气囊包裹着的探测器被投放到地面。到达地面后，探测器会像服了兴奋剂的沙滩排球一样跳来跳去。弹跳大概1.6千米后，探测器会被逐步引导到火星表面的一个安全地带进行休整[35]。

天哪，这听起来都觉得很疯狂。

但是这个疯狂的主意实际上已经被实践过了。就在3周前，"机遇号"的孪生兄弟"勇气号"已经在火星的另一边安全着陆。那个有着6个轮子的移动实验室已经漫步在火星表面，搜集资料。因此，斯奎尔斯并不紧张。嗯，他或许没有过于紧张。

在经历了一系列挑战后，喷气推进实验室的飞行小组开始搜索"机遇号"的信号。这是一个漫长的等待过程。忽然着陆小组的项目经理叫喊着冲进房间:“我们搞定了，宝贝！” 房间里爆发出欢呼声。“机遇号”安全着陆。

在 1 小时的时间里,斯奎尔斯转移到了“机遇号”的地面控制室。“机遇号”上的摄像机已经打开，他的团队正在努力地为他们的这个杰作寻找一个适合休整的地方。“图像（从屏幕上）出现了，周围一片漆黑。”斯奎尔斯回忆道，“那里似乎有些什么东西，但是图像曝光不足。”镜头拉长，图像慢慢地开始聚焦。“当把镜头拉长时，我立即意识到我看到的是什么。”斯奎尔斯写道，“太不可思议了，图像太好了，我简直不敢相信这是真的。”[36]

“机遇号”的正前方是一处裸露的红色岩层。当你在地球上驾车行驶在一条跨越山岭的公路上时，就会看到这种东西。它和地球上的岩层一模一样，就像一块被压缩了的三明治，里面浓缩着火星千万年甚至亿万年的历史。他们所看到的是镌刻在岩石上的火星的演化进程，这在科学研究上就像黄金一般珍贵。

红色行星上的漫步

今天，我们通过电子设备就能立即知晓人类积累起来的所有知识，喷气式飞机在地球上空 8 千米高的航道上穿梭。处在这样的一个时代，我们很容易忽视实施火星漫游者计划所需要的勇气与魄力。“勇气号”“机遇号”（以及后来的“好奇号”）安然无恙地降落在火星地表就够疯狂了，但是漫游者计划这次天才般创举的象征意义能让整个人类因之而自豪。这些机器人科学家在火星的地面上缓慢地移动了数千米，开采岩石，采集重要的化合物，同时还给这颗红色星球拍摄高分辨率的图像。这项太空飞行计划代表了人类的最高智慧水平和其他解决最具挑战性问题的能力。

不过，由这些探测器和其他行星际探测器所完成的火星探测任务还代表了其他一些已经超越机械化时代的东西，每一个都是通往即将到来的行星生物时代的阶梯上的一步。高分辨率的照相机让我们实实在在地看到了另一颗星球的景象，一种对其他星球（或其他文明世界）的崭新认识油然而生。不过，要想真正地达到这种认识高度还需要费一番周折，因为现实会干扰我们的期望，而期望又会反过来改变现实。

就像金星一样，火星也是我们星际探测的一个早期目标。就在杰克·詹姆斯领导的团队发射的“水手 2 号”朝着太阳的方向飞往金星的时候，他们的“水手 4 号”则开始了背向太阳前往火星的旅程。这颗星球在我们的星际幻想中拥有更悠久的历史和更丰富的故事。

卡尔·萨根又加入了“水手 4 号”太空飞行计划的研究团队，这次他力争安装照相机的提议获得了支持。“水手 4 号”携带了一台基础（今天称为标准）的模拟制式的电视摄像机，它发送回来的照片立即改变了我们对火星原有的幻想以及它对于我们的意义。

因为金星被外部的云层覆盖，所以它看起来永远像一个白色的碟子，而火星则完全不同。到 19 世纪中叶，天文学家已经知道火星的表面经常会发生变化。这一特征让 19 世纪的科学家得出了一个戏剧性的结论：火星上的气候跟地球类似[37]。

更为重要的是，天文学家发现火星上也有那个最为重要的气候特征——季节。早在 17 世纪就有人看见了这颗红色行星上的白色北极冰冠。而在火星绕着轨道运转时（每转一圈需 687 地球日），这个北极冰冠会慢慢变大和消退。这也正是卡米尔·弗拉马里翁在 1870 年将火星描绘成一个生机勃勃的世界的一个依据[38]。

进入 20 世纪之后，由于帕西瓦尔・罗威尔对于火星的痴迷，火星故事获得了一个新的展示平台。罗威尔的兴趣源于意大利天文学家乔凡尼・斯基亚帕雷利的一项早期研究，他发现火星表面有一些长而笔直的带状物。罗威尔宣称这些带状物是运河，这是具有代表性的智慧文明的工程[39]。在一些通俗图书中，罗威尔力挺火星适合居住的观点，不过其文明社会成了气候变化的牺牲品。这颗星球正在变干涸，挖掘运河是他们试图将水从北极冰冠地区引出的一种绝望的尝试。当大部分天文学家对罗威尔的研究不以为然的时候，他的想法却符合了大众的口味。通过像 H.G. 威尔斯的《星球大战》这样的通俗读物，火星成了很多人心目中拥有文明的外星球。

到了 20 世纪中叶，天文学家通过天文望远镜已经搜集到了足够的证据能够证明火星并不是某个发达文明的家园。火星上的大气层非常稀薄，这是一颗寒冷的星球。不过，生命以某种方式存在于其上的可能性依然未被完全排除。这颗星球会定期出现显著的颜色变化，有人认为这说明可能存在一个生物带[40]。当“水手 4 号”登陆火星的时候，卡尔・萨根甚至抱有一丝希望，认为或许火星上有某种植物或者微生物存在。

但是当“水手 4 号”在 1965 年 7 月 14 日飞过这颗红色星球时，它传送回来的 22 张图片让公众和科学家彻底地断了火星上存在生命的念想，其原因就在于火星上的陨石坑。

“水手 4 号”发现火星上有大量的陨石坑，其中有些非常巨大。在地球上，陨石坑则不会保留很长时间。地球上的大部分陨石坑在几百万年之后都会被侵蚀掉。这是经过风吹雨淋后会发生的正常的蚀化现象，它最后会抹掉陨石坑的痕迹。在火星上发现巨大的陨石坑意味着它的表面在几百万年间未发生任何变化，“水手 4 号”向我们展示了火星从整体上看就像一个空旷而干燥的月球[41]。

这些新图片发布后，《纽约时报》的一篇评论文章向读者宣告：“过去十几年来我们认为在火星表面发现了运河，并由此推断火星上建有城市，城市里人潮涌动、商业繁华，现在看来这不过是天文学家自己一厢情愿的主观妄想。”文章最后还总结道：“这颗红色星球不仅现在不存在生命，而且很有可能一直就没有出现过生命。”[42]

首先是金星，然后是火星，人类最初派出的这些“信使”完成任务的情况似乎让我们搜寻外星生命的梦想破灭了。

幸运的是，火星上的死寂并没有持续太久。1971 年，“水手 9 号”成为踏进这颗行星大门的第一个探测器。“水手 9 号”进入了围绕火星飞行的轨道，而不只是以 1.6 万千米 / 小时的速度一掠而过。由于能够滞留在火星周围的轨道里，探测器发现火星的故事要复杂得多，也有趣得多[43]。

设计“水手 9 号”时，科学家就计划要给这颗行星的表面绘制大量的地图。然而当它到达既定飞行轨道时，却发现火星被沙尘暴紧紧地包裹住了，其表面完全模糊不清。因为“水手 9 号”探测器在设计的时候预装了某种应急软件系统，所以美国国家航空航天局的工程师能够延迟地图绘制的时间，直到沙尘暴消退。（苏联的两个探测器几乎与“水手 9 号”在同一时间到达，因为没有这样的应急系统，只传回了很少的有价值的资料。）虽然沙尘暴延迟了“水手 9 号”的工作，但环绕整颗行星的沙尘暴使得空气分子（即灰尘）的传播与气候形成之间的关系显得非常突出[44]。在接下来的几年时间里，在制定与地球气候相关的政策时，它们之间的关系成为政策制定者之间踢来踢去的一个政治足球。

等沙尘暴慢慢消退后，“水手 9 号”传回来 7000 多张图片，这些图片首次向我们暗示了，虽然现在的火星极其干燥和寒冷，但在过去它或许是一颗完全不同的星球。发生这种转变的关键完全在于水。

“水手 9 号”传回的图片显示，火星的地表从总体上来看似乎曾经被流动的水侵蚀过。那里有干涸的河床和宽广的三角洲，还有曾经洪水泛滥的平地以及被雨水冲刷出来的盆地。不过要确定这些地表特征是由液态水形成的激流冲刷而成的，恐怕还有待于未来的太空飞行任务来完成。但是“水手 9 号”此刻可以告诉我们的结论既简单又深奥：这颗星球发生过巨大的变化[45]。

“水手 9 号”传回的信息也显示这个更小号的邻居和地球一样是一颗独一无二的星球。火星上耸立着奥林匹斯山，这是一座巍峨的火山，高出火星地面大概 22.5 千米。火星上还盘踞着水手峡谷，这个峡谷深达 6.4 千米，面积有北美洲那么大。要是站在一个崭新的、宇宙的视角来看，亚利桑那州的大峡谷与这个峡谷相比就像一条小裂缝[46]。

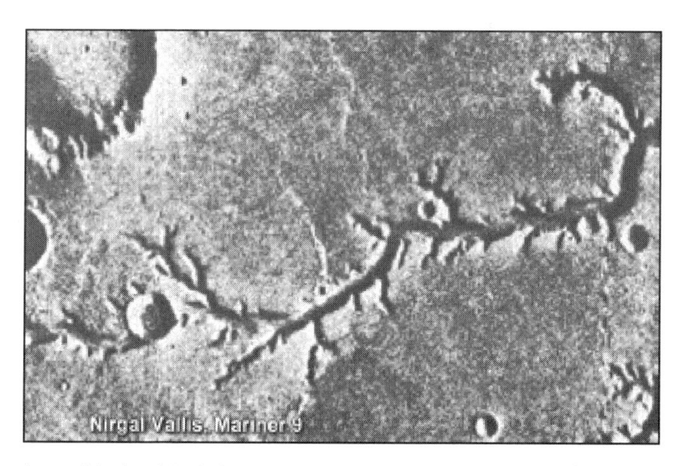

1971年，“水手9号”拍摄的火星上的尼尔格谷照片，首次表明火星表面曾经有水流淌（美国国家航空航天局）

看起来，火星上也有火山、峡谷、陡峭的高山和平缓宽广的低地平原。它是一个具有独特地貌的地方，这些地貌可称得上在地球上的任何地方都找不到的风景名胜。这些地貌与我们开始试着去了解的火星气候的形成机制具有一定的关联性。

人类接下来的另一个伟大尝试重新激活了有关火星上是否有生命的话题。1976 年的夏天，两台“海盗号”登陆器通过降落伞和反推火箭触碰到了火星表面。卡尔·萨根再一次充当了不可或缺的角色，他设计了登陆器在火星的土壤中寻找微生物的实验。这个生物探测实验产生了很多不确定的结果，但是“海盗号”登陆器上的气象站让我们第一次看到了另一颗星球上的天气状况[47]。每一个火星日，“海盗号”登陆器都会将温度、气压和风速的测量结果发送回地球。这些数据持续发送了 6 年时间，直到其中一个登陆器坏了，另一个登陆器因操作失误而关闭[48]。通过“海盗号”，我们可以对地球的这些行星兄弟的天气和气候状况进行研究。

21 世纪，有了探测器在火星上进行探测，美国国家航空航天局火星项目的总基调变成了“找水”。假如火星上曾经存在过生命，我们首先得证明这颗星球曾经足够温暖和湿润，只有这样，生命才能在此孕育[49]。而地表水的存在又永远和各种气候问题牵扯在一起。因此，沿着水这条线索，美国国家航空航天局致力于揭开火星气候及其变化的谜团。这颗红色行星和金星一样成为一个能让我们了解自己星球的参照。

了不起的火星气象仪

罗伯特·哈珀勒并不打算成为一个火星气候方面的专家。服完兵役后，1968 年哈珀勒回到了俗世生活中，在欧洲晃荡了一段时间。他说：“当时我还很年轻，对世界充满了好奇，想要探索整个世界。”最终，在圣何塞州立大学开始学习的时候，他需要申请一个专业。“我翻阅了整个专业目录，然后看到了气象学。”在一次专访中，他回忆道，“我一开始以为这个专业是研究流星的，我的妻子向我解释这是有关天气的。”[50]对于这个后来帮助美国国家航空航天局设计了最为重要的火星全球气候模型的男人来说，这可算不上是一个好的开端，但这个模型成为研究这颗红色行星历史的最有力的工具。

这个气候模型本身的历史可以追溯到 20 世纪 60 年代后期，当时康威·李奥维和詹姆斯·普莱克采纳了一个用于研究地球气候的模型，该模型经过调整后用来研究火星[51]。普莱克是卡尔·萨根的第一个研究生，他们在一起已经合作了很多年。李奥维在大气层研究方面是一个多元主义者，他想要创建一个气象研究的流派，试图把研究对象延伸到地球之外，将每一颗拥有大气层的行星都包括进来。

对科学家来说，星球气候指的是长期的天气类型，而天气则是指每天发生着的变化。气候是对长期以来有关风、降水和洋流状况的描述。要建立一个气候模型，科学家必须对控制这些过程的相关物理方程进行解答，这就意味着一个气候模型实际上就是一个数学物理模型。它通过使用详尽、具体、精准的数学和物理语言来描述这颗星球。

就像一个建筑师建造一栋摩天大楼的模型时需要用到纸、木板和塑料一样，科学家建立一个物理系统的模型时需要运用数学语言表达出来的物理定律。比如建立一个内燃机模型时，科学家需要运用数学方法来了解和预测有关燃料消耗的情况；若要建立一座桥梁的模型，那么就需要运用数学方法来了解和预测这座桥梁能够同时容纳多少车辆通行。假如他们要建立的是一颗星球的气候模型，那么则需要运用数学方法来了解和预测气温、云层等的长期状况。

为了提高效率，一个气候模型需要大量的“机动环节”，它需要描述很多不同类型的物理、化学现象以及其他的反应过程，解释一颗自转着的行星上空大气层的流动。它还得描述来自太阳的辐射如何让星球地表附近的气温升高，引起气体上升。另外，它需要解答像水蒸气、二氧化碳这样的气体冷却后是如何变为液态或固态的（即模型如何去捕捉云层变化和降水）。要建立一个这样的气候模型，让这些问题都能得到正确的解答（即符合观测的结果），需要很多年艰苦卓绝的工作。

模型还需要用大量的方程来描述大气流动、凝结和辐射之间的复合作用。它们中的每一个作用都非常复杂，需要耗费人类大量的才智才能掌握。要同时进行所有的复杂运算远非个体的才智所及。因此，为了取得进展，科学家必须将方程的求解过程分解成非常小的步骤，再借助数字计算机以每秒数十亿次的速度一遍一遍地进行运算。通过这种方式，计算机将隐藏在错综复杂的数学关系背后的细节呈现了出来。而哈珀勒和其他人所建立的模型正是这样工作的，它们将火星上的气候条件生动地展现在科学家的面前，让他们能进一步去了解它的复杂性以及与地球的不同和相同之处。

像地球，但不是地球

“所有的行星都受相同的基本力的支配，”罗伯特·哈珀勒说道，“所不同的只是施加在这些行星上的力的大小而已。”[52] 虽然现在的火星是一颗冰冻的、荒芜的星球，与地球完全不一样，但是它的气候的运行机制与地球基本类似。我们先来看看其他行星与地球的差异吧。金星上的大气层要比地球上的厚很多，而火星上的则要薄很多。“海盗号”和其他火星气象站所记录下来的火星地表的气压不到地球地表气压的 1%，这意味着火星上的这层大气的总质量要比地球上的轻 99%。就像金星一样，火星的大气层大部分由二氧化碳组成。但是由于周围的大气太少，火星并没有因为温室效应而变暖，一般夜晚温度会降到零下 89 摄氏度，而白天温度也只能上升到零下 31 摄氏度[53]。火星是一颗不折不扣的天寒地冻的星球。

火星还是一个荒漠。火星的大气层中只有非常少量的水——只有我们所知的地球上水含量的 0.01%[54]。由于火星上的气压很低，液态水在数秒内就能沸腾。这和你在高高的山顶上烧开水时所碰到的现象的原理是一样的——此时水不需要太高的温度就会变成气态。这就是火星上没有水的原因，因为它们不是被汽化了（变成水蒸气），就是被封锁在极地的寒冰里面。不过，或许在火星的地表以下会有很多水，它们以冰甚至液态水的形式存在。

因此，假如你在火星上漫步时，你的太空服的某个地方出了故障，那么今天火星上的自然条件会立即置你于死地，你不是死于窒息就是丧命于极寒。不过，虽然火星和地球有这么多的不同，但是火星上气候的形成机制与地球上的非常相似。

让我们设想一下，假如此刻你生活在 15 世纪，是一个葡萄牙水手。你在进行完贸易后正设法从西非回到葡萄牙。如果你直接朝北航行的话，你就会碰到风暴，捉摸不定的风会让你的船行驶缓慢；但是如果你想做一些不寻常的尝试，朝西航行（进入大西洋的深水区，这偏离了回葡萄牙的方向），你就会有意想不到的收获。往西航行到足够远的海域后就会碰到温和、稳定的风，它会将你吹往东北方向，那么你就能够很快地回到葡萄牙的家乡。你所碰到的就是信风[55]。

一直以来，欧洲的水手对信风始终百思不得其解，直到英国律师和博物学家乔治·哈德里找到了答案。信风是一股巨大的气流，其动力来源于太阳的加热作用和地球的自转。哈德里意识到热带地区的热空气总是向上升起，而极地地区的冷空气则总是往下沉，于是它们中间的空气存在一个缺口需要去填补，这就形成了一个从赤道流向极地的空气循环模式。

假如地球不会自转，故事也就到此为止，气流只会有上升、下降以及南北方向的运动。但地球的自转使得赤道和极地之间的空气的流动被一种称为科里奥利力的力量扭曲，风向发生变化，气流循环中多了一个偏东或偏西方向的因素。北大西洋上空的这个环流是诸多大型气流中的一个。南半球信风的风向与北半球的正好相反（因为科里奥利力的方向在通过赤道的时候发生了改变）。总的来说，地球上共有 6 个巨大的空气环流，其中最强的那个是在赤道附近上下流动的环流，称为哈德里环流圈[56]。

火星也像地球一样在自转，一天 24.7 小时。火星上一天的时间长度与地球上的非常接近[57]。物理规律并不在意你生活在哪颗星球上，既然火星能像地球一样自转，那就意味着哈德里环流圈也会在这颗红色行星上出现，正如地球上所出现的那样。"这是我们在建立火星气候模型时的第一个想法，"哈珀勒说，"在火星赤道和极地之间的大气层中，我们应该也能看到空气环流。"[58]

火星上与地球相似的气候类型不仅仅是哈德里环流圈。"火星上还有喷气流，"哈珀勒说，他指的是地球大气层上层存在的一种快速流动的气流。“每一颗拥有大气层并会自转的行星都会有这种气流。”与在地球上一样，有时这些喷气流会交叠和徘徊。大气科学家称这种气流类型为“罗斯贝波”，正是它引发了致命的极地涡旋。2014 年极地涡旋将前所未有的冷空气带入美国东部海岸的居民区[59]。

虽然其中的技术细节还有待我们去揭示，不过哈德里环流圈、喷气流和罗斯贝波都告诉了我们一些简单而又重要的东西，它们值得我们深思，那就是气候形成的物理规律是宇宙性的。所有的行星都遵循同样的规律：地球、火星、金星，甚至是 100 光年之遥的系外行星。最重要的是，我们之所以将它们视为规律，是因为我们已经看到它们不止在一颗行星上起作用。

宜居的星球，可持续的世界

假如你想要知道火星今天的天气状况，可以下载一个应用程序（App）去搜索[60]。2012 年登陆火星的“好奇号”漫游车配备了一个气象站，它会将所看到的一切全部定向传回地球。如果你整整一天都盯着这个 App 看，你就会看到火星上温度上升和下降的区间与地球上的完全不一样。你还能发现火星大气层气压变化的那些方式在地球大气层中绝对看不到。

无论火星上的哪一天，大气层施加在火星地表的压力都会有大于 10% 的变化。那几乎相当于你早上还在旧金山，几小时后就到了 1000 多米高的空气更稀薄的丹佛，等到夜幕降临后又回到了海平面。对我们人类的故事来说，这样的变化的重要性在于这种戏剧性的气压波动完全可以通过火星的气候模型捕捉到。火星上的空气实在太少了，一旦阳光开始使地表变暖，暖空气上升，则整个火星的大气层都会重新进行调整，从火星的这一边向另外一边传送压力波。所有的气候模型都会追踪这些调整，并记录日常的气压变化。换句话说，气候模型可以准确地模拟出最后的结果[61]。单凭这一点，它就能成为我们在有关地球气候变化的争论中的一个重要依据。我们对于地球气候的认识足以让我们去对其他星球上的气候进行预测。

火星给我们上了至关重要的一课：行星上的气候会发生变化，而且它的宜居性也会随之发生改变。对火星当前气候的成功模拟让这节课的效果更加突出。

宜居性对天体生物学家来说是一个非常关键的概念，我们凭直觉可以认为宜居性就是指一颗行星适合生命居住的能力。而在德雷克方程中，对宜居性的正式定义就是星球表面存在液态水。

我们派往火星去的机器人找到了非常确定的证据告诉我们火星地表曾经有液态水。有些证据是地质方面的，有些则来自矿物学研究。让史蒂文·斯奎尔斯欣喜若狂的不仅仅是裸露在“机遇号”面前的火星红岩，还有它发现的一些小的球形鹅卵石，我们把它们叫作“蓝莓”。安装在漫游车多关节机械臂上的尖端设备让斯奎尔斯和他的团队意识到这些“蓝莓”是赤铁，一种只能在液态水中形成的矿物质[62]。

还有一些证据更加直接地支持了火星上有水的判定。在发现“蓝莓”7年之后，“好奇号”漫游车在火星上发现了一系列岩石地貌，它们只有经过急促且具有一定深度的水流的冲刷才能形成。为了满足人们的好奇心，科学家还模拟了水流的原貌——这股水大概有齐臀深，以 1 米 / 秒左右的流速往下冲刷[63]。

由此可知，火星地表曾经有液态水。这就意味着它的大气层曾经比现在的大气层要厚得多，能够避免水分的快速蒸发而变成水蒸气。假如水能在火星地表流淌，那么厚实的大气层肯定能够给这颗行星进行保暖，气温就应该高于冰点。总而言之，看起来这颗红色星球曾经至少有一段时间是蓝色的。

科学家借用挪亚和洪水的典故，称火星上这段温暖湿润的历史时期为挪亚时代，最精确的估计是在40亿至35亿年前[64]。不过火星上到底发生了什么，这依然是一个大大的问号。要回答这个问题，恐怕还得等到我们能够往这颗红色行星上派送真正的地质学家才行。

不过即便最终的谜团还有待揭晓，但认识到火星上的气候发生过戏剧性的变化，也给我们认识自身所处的人类世提供了一个重要的天体生物学视角。火星的故事告诉我们宜居性这个天体生物学中最重要的概念并不是永恒的，一颗行星的宜居状态是会改变的，而最为重要的是它还可能完全丧失。

当我们正为进入人类世而担心焦虑的时候，我们的内心深处其实是在担心我们人类文明的可持续性。但是这种可持续性而非某个特殊类型的宜居性指的又是什么呢？当我们在讨论人类世的时候，我们真正在意的是某种特定的文明形态在这颗行星上的适宜性，即这个需要消耗大量能源、全球间互相依赖的高技术文明，在这颗行星上的宜居性。当前我们所处的气候时期——全新世特别适合这种文明形态的存在。

火星的故事告诉我们宜居性可能是一个动态的标准。在人类世，它可能和可持续性的概念是一样的。行星会改变，这就是火星以及它的历史帮助我们确立的认识。太阳系中的其他星球教给我们的也绝不只有这一课。

非凡的旅行

1982年6月12日，纽约中央公园里人山人海，连大草坪都容纳不下了，人群一直挤到第五大道。这个拥有150年历史的公园从未出现过这种景象。据《纽约时报》报道，这里有“和平主义者和无政府主义者、儿童和佛教徒、罗马天主教的主教和共和党的领导人、大学生和工会会员”，还有来自佛蒙特州、蒙大拿州以及孟加拉国和赞比亚的代表，“满脸微笑、拍着手游行的队伍从中央公园一直延伸到第五大道，长达5千米”。根据《纽约时报》的报道，这是“美国历史上最大的一次政治游行示威活动”。所有的代表、所有的参与者来到这座公园是为了同一个目的：拯救地球。

核战争危机给人类造成了深远的影响，在德雷克公式中，它是最后一个影响因子。到20世纪80年代早期，核战争的阴影不仅挥之不去，而且扩散得越来越广。罗纳德·里根当选为美国总统，再加上苏联重新发起了一系列行动，世界似乎再一次被引向毁灭的核战争边缘。1982年，这两个超级大国所拥有的核武器总数已经超过5万枚。纽约的这场规模宏大的群众集会旨在争取大众对“核冻结”运动的支持——停止制造并开始削减核武器。可是美国和苏联政府都未对这场运动予以理睬。

于是，一场新的运动开始兴起。这场运动比20世纪60年代那些冷战分子所反对的任何一场运动的规模都要大，范围都要广。纽约公园的群众集会使得“核冻结”运动升级为一场政治运动。与20年前当弗兰克·德雷克将核战争危机列为公式的最后一个影响因子时的冷战时期相比，这次游行所引发的人们对核问题的基本思考有了重大的变化。这种改变在一年后表现得更加明显，一群科学家发布了一份研究报告，彻底改变了核战争的论调。

这份报告的标题为“核冬天：多枚核弹爆炸的全球性后果”。卡尔·萨根和詹姆斯·普莱克都在所列的作者名单中。这份名单被称为TTAPS，包括理查德·P. 德克（Richard P. Turco）、欧文·通（Owen Toon）、托马斯·P. 阿克曼（Thomas P. Ackerman）、普莱克（Pollack）和萨根（Sagan）。TTAPS小组的观点十分明确：即便一个中等规模的核弹对抗也会在大气层内形成一个烟雾层，它会大大地降低这颗行星地表的温度，农业生产将陷入停滞，世界将陷入饥荒和暴乱之中。从他们的研究中得出的结论也非常直接：几乎任何规模的核战争都将置这颗行星于非常危险的境地。绝不能使用核武器！

这时，卡尔·萨根通过他的畅销书和在电视节目上的抛头露面成了一个名人。他在为《游行》杂志写的一篇延伸文章中高度赞扬了TTAPS的研究成果。

虽然里根政府公然否认了“核冬天”的科学性，但科学界的大部分人士非常认真地看待这个问题。此时，潮流已经不可逆转了。“核冬天”已经进入到了全世界人们的语言和头脑之中。多年之后，无论是苏联还是美国的官员也都在公开地讨论当初“核冬天”危机里预示的可怕景象是如何将这两个国家的官员拉回到谈判桌上来的。

“核冬天”能够进入政治领域有两个重要的原因，首先它的结论建立在一个气候模型的科学基础上。普莱克、萨根和他们的合作者利用研究全球大气环流的数学和物理公式来追踪一场全球性的大火下空气分子的运动情况。一颗行星上的气候模型能够引发一场全球性的政治辩论，这在人类历史上还是第一次，但对我们来说现在更为关键的是第二个原因。支持“核冬天”观点的另一个关键性理由来自火星。

“水手 9 号”观测到的席卷整个火星的沙尘暴给“核冬天”的研究者提供了一些至关重要的资料。如果没有我们送往火星的探测器，那么科学家对被带入大气层上空的微小颗粒的研究就只能停留在理论阶段。有了它们提供的资料，火星气候模型就能进一步拓展，将太阳能、紫外线与粉尘之间相互作用的物理规律纳入进来研究。这样，空间探测器和气候模型都揭示出灰尘对火星大气层产生了巨大的影响。用这一认识来理解此刻摆在我们人类面前的这一问题并不难，一场核战争后整个星球都将陷入一片火海。TTAPS 的报告直接把火星视为“核冬天”物理原理的一个测试基地。

TTAPS 和关于“核冬天”的讨论表明我们从一颗外星球所获得的知识已经对地球上这场有关人类未来的争论产生了影响。如今，几十年过去了，在现代气候问题的大讨论中，我们必须意识到，我们对于气候的理解是建立在科学研究的基础之上的，这些知识是我们通过对其他星球进行脚踏实地的研究才获得的。那些徒劳地到处质疑气候学的科学性（以及气候模型的效用）、否定气候变化的人别有用心地忽略了 50 年来我们从太空旅行中所学到的东西：我们拥有不止一颗星球、一个故事；行星会发生变化，我们应当引以为鉴。

我们将人类智慧的结晶送到金星和火星上，后来人类的机器人使者到过木星和土星（以及它们那拥有奇妙海洋的小卫星）的外围空间。到了 2016 年，我们的探测器已经对太阳系内的每一颗行星以及每一个级别的天体都至少造访了一次。小行星、彗星和矮行星，我们都进行过接触，并从中有所收获。

在这些非凡的飞行旅程中，我们不仅仅满足了自己的好奇心。其实我们当时并不知晓，前往其他星球的太空飞行也带给了我们一些新的概念工具，我们需要运用这些概念为人类自身未知的命运做出生死攸关的决定。

假如我们没有从探访金星的探测器上学到什么，我们就不能像今天这样认识到温室效应；没有在火星上缓缓穿行的漫游车，我们就不能像今天这样了解气候形成的过程。土星、木星以及太阳系中其他行星上的每一个大气层都教会了我们一些东西。我们飞越数十亿千米是为了更加清晰地了解我们自己的星球以及人类自身所面临的窘境。

第3章　地球的面具

空气的教训

假如你是个时间旅行者，在27亿年前刚刚来到地球。当你第一次踏上这颗年轻星球的土地时，你首先会经历些什么？答案非常简单。

你会死掉。

准确地说，你会窒息而死。在地球历史最初的20亿年时间里，虽然它成为生命的家园已经有很长的一段时间了，但这时它的大气层里只有微量的氧气。在这颗星球历史的一半时间里，它的“空气”几乎完全是由氮气和二氧化碳构成的[1]。然而时至今日，地球大气层则几乎是由氮气和氧气构成的，只有非常微量的二氧化碳。到底什么导致了如此巨大的变化呢？

地球历史上最为重要的这个细节（氧气的增加）是我们今天要学习的重要内容。在数十亿年前，生命开始在全球范围内蔓延，进而改变了这颗行星的大气层。与此同时，它还改变了地球的未来，导致了人类及人类文明的出现。如今，人类文明再次不动声色地改变着这颗行星的大气层及其演化的复杂机制。将我们此刻所面临的气候变化与几十亿年前的那段时间相比较，我们得以了解到这个“地球面具”的非凡故事。这个故事中隐含着只有极少数人才能认识到的真理。

我们的地球在过去曾经有过很多版本。

这颗行星的其他版本和今天我们所认识的天空中飘浮着朵朵白云的蔚蓝色星球有很大的区别。每一个版本都受到了行星际力量的影响，进而又改造着我们的星球。总之，它们反映了人类及其文明只是一个更为悠久的故事的一部分。生命开始出现，进而改变这颗行星，其中我们人类既不是独一无二的，也没有什么不同寻常之处。这就是为什么地球的历史这个本质上的天体生物学的故事对我们来说如此重要。知道地球的过去，我们才有素材去讲述一个新的故事，这个故事让人类成为这个即将形成的地球版本中的一部分。

艰难的一天

“臭鼬号”北极运输队就像一头冰上巨兽。每一辆车的设计都能胜任最恶劣条件下的任务，它们大概有一辆小型公交车那样大。这些机动车为了执行特殊任务而配有带履带的底盘，车身很宽以便在不平的地面上行驶时依然能保持稳定，强有力的发动机能够拖着辎重和人员穿越雪地甚至陡峭的冰川。

1960 年 10 月 16 日，年轻的苏伦 · 格雷格森从他所在的“臭鼬号”的窗口放眼望去，他看到的全是陡峭的冰川。自几小时前到现在，格雷格森这个17岁的丹麦侦察员一直与一位面带笑容的美国大兵待在这辆车的驾驶室里。两天前，他在位于格陵兰西海岸的美国拓乐空军基地登陆，并配备了标准的冬装设备。当“臭鼬号”沿着嵌入冰川的坡道开始长途跋涉时，格雷格森好奇地看着这一切。在地球上最恶劣的地方行进长达200千米的旅程正式开启。

格雷格森在“臭鼬号”的驾驶室里上下颠簸，他的心情也在激动和惊恐之间变化。经过满心期待、准备之后，旅程终于开启。他终于踏上了前往“世纪营”的路途,这是一座由美国人在冰川下面建造起来的城市。

几乎在同一时间，杰克·詹姆斯正在点燃火箭将“水手号”探测器发射向太空，弗兰克·德雷克正在打开他的射电望远镜寻找外星文明，而美国军方则正在雄心勃勃地踏上一块新的处女地。苏伦·格雷格森所要去的地方位于这颗星球的最顶端。

格陵兰是一个巨大的冰岛，整个冰川高达1600米，面积达180万平方千米，其中一半冰川位于海平面之上。在广阔的冰川高原中心，气温常常会降到零下57摄氏度，就像火星上那么冷。凛冽的寒风以200千米/小时的速度不时地扫过荒芜的雪原[2]。然而，1959年美国政府将建造一个军事基地和科学实验室的地点定在格陵兰的这片空旷的冻土上。

在冷战思维下，美国制订了“世纪营”这样一个艰巨的计划，在基地的冰层里挖了21个坑，每个坑的宽度和深度均为8米，长度与3个足球场相仿。然后将雪融化后灌进拱形钢梁，以封住大坑作为屋顶。预制建筑穿越冰川被拉到基地，然后被投放进冰坑内作为营房，能够容纳200名军人和科学家。军方穿越雪原拉来了一个价值500万美元的核反应堆来为基地供电[3]。总之，建造“世纪营”付出了空前的努力，不过其成就也取得了空前的突破。

身处这个时代，当那些对气候科学一无所知的人还在为他们的无知而大放厥词的时候，我们千万不要忘记一些人为开拓这门学科所经历过的艰难险阻。“世纪营”的士兵和科学家住在这颗星球的边缘，他们冒着极大的风险在那里工作。运输物资的航班和机务人员不得不去应对一些极端天气，这种天气在地球上的其他地方几乎遇不到。1961 年夏天，一架直升机在基地外面坠毁，夺走了全部 6 位机组人员的性命[4]。但是那些美国士兵、他们的长官、科学家以及苏伦·格雷格森都肩负着某种使命来到格陵兰的这片冰川荒原。“这是我所经历过的最激动人心的事情了。”格雷格森回忆道。当我和他会谈的时候，他已经是一位退休的地理学教授了。他说:“正是那次经历让我开始了从事科学研究的生涯。”

“世纪营”是美国和丹麦的一个合作项目。为了提升这项极地任务的媒体关注度，两国在特种兵里开展了一次选拔赛，从中挑选初级科研助手。1959 年底，格雷格森和美国特种兵肯特·乔林得到了这个机会，得以在基地里待了 5 个月。

“我们和美国士兵住在一起，”格雷格森说，“每天我们都需要待在基地里完成各种任务。有时需要铲除冰坑里面不断凝结的冰，有时需要用水泵往深藏在冰下的储水池里灌大量的水。所有的工作我都很喜欢，所有的工作都让我兴奋不已。”

但是对年轻的格雷格森来说，印象最为深刻的还是科学研究本身。出于多方面的考虑，美军建造了这个“世纪营”。他们曾经讨论过在冰川上面安放核导弹的方案(但是冰川的漂移特性使得这个方案被放弃了)[5]。格雷格森还记得拓乐空军基地里直指北方的巨大无比的雷达天线阵列。当然，军方最感兴趣的是气候。毕竟在整个战争历史中，所有的战役都对天气条件具有一定的依赖性。就像太空探索因为冷战而获得了大量的资金支持一样，地球气候和气候史研究也成为军方关注的领域，这使得大量的资金投向了气候科学。科学家也来到了这颗星球上最遥远的角落。这正是苏伦·格雷格森能够站在“世纪营”里看着忙碌的钻井的原因。

在利用几个世纪前的降雪所建造起来的房间里，“世纪营”的科学家安装了一些和我们在油田中所看到的一样的钻井机，他们的目的是往地底钻探，穿过大概 1600 米深的冰层，那里封藏着这颗星球数千年的历史[6]。“我目睹了那些冰层钻探实验的过程，”格雷格森说道，“那令人印象深刻，简直不可思议——使用远古的降雪来揭示这颗星球的历史。”

当我们学会了用一种新的方式去看待这颗星球的时候，对这颗星球的认识也将随之改变。在科学领域，科学家获得新型数据的能力（实际上就是新的视角）能够改变或者创新我们的认知。杰克·詹姆斯的“水手号”对金星的探索、卡尔·萨根搜集到的火星尘埃资料以及弗兰克·德雷克在绿岸基地通过射电望远镜所进行的搜寻，这一切都刷新了我们对天文学和行星科学的理解。在第二次世界大战结束后的数十年里，我们对地球的认识因为新的数据而重建，而对那些更早一批的研究者来说，这些数据是无法企及的。在这场变革中，“世纪营”书写了重要的篇章。

1960 年，冰期还是一个未解之谜。当时的科学家能确切地告诉我们的一点就是它确实出现过。在过去的几百万年间，整个北半球都被厚达 1600 米的冰层覆盖，这些冰层甚至延伸到了南半球，然后又退回到北半球。这样的事情至少发生过 4 次[7]。在每一个冰期，这颗星球都寒冷而干燥，海平面几乎下降了 120 米（30 层楼的高度），大量的水变成了冰。在两个冰期之间，气候会稍微温和一些，地球会进入更温暖、更湿润的间冰期[8]。

地球上最近的一次冰期持续了大概10万年的时间。只有等到最后的冰川慢慢退去之后，人类文明才得以开启。农业、城市、书写和机械制造，所有这些文明的历史都是在全新世里发生的，即当前已经持续了1万年的间冰期[9]。尽管科学家已经掌握了全新世中所发生的一系列事件的基本情况，但是气候如何从一种状态变为另一种状态的细节还不为人知。科学家只是还没有看到关于气候变化的细节的资料。他们需要一种能够逐年跟踪地球气温的方法，并且能够一直追溯到上一个冰期。在美国军方寒冷地带研究和工程实验室的帮助下，“世纪营”的冰层钻探给科学家提供了所需要的数据。

这项研究是由丹麦科学家威利·丹斯加德和美国地球物理科学家切斯特·朗维主持的。格陵兰岛上厚达1600米的冰层是由一层一层的降雪经年积累起来的。在长达数千年的时间里，这样年复一年所形成的冰层就像一个冻层蛋糕，每一层都保存着这一年气候的记录。每一个冰层内部的化学成分都可以担任温度计的角色。利用这个工具，科学家就能对数千年来格陵兰的温度变化进行非常精确的记录[10]。

经过6年废寝忘食的工作，丹斯加德、朗维和他们在“世纪营”的团队将钻井打到了基岩，在冰层表面1200米以下。在钻探中取回的冰核样本一旦转换成温度数据，丹斯加德和他的同事就能看到地球是如何走出上一个冰期的。从现在往后推，他们首先看到的是一段长达8000年的温度大致保持稳定的时期，这就是全新世。在这个时期，人类文明开始萌发并不断繁荣。再往前追溯，他们还能看到地球从1万多年前（更新世）寒冷的冰川时期到现在气候温暖的全新世所经历的转变[11]。

在从上一个冰期向现在温暖的间冰期平缓转变的过程中，“世纪营”获得的数据也反映了一些短期的巨大突变，这些突变在我们未来的气候中也会出现。大概12000年前，历史上有一个“新仙女木期”，地球似乎从温暖的状态又跌回到了冰窟中。这是一个令人震惊的发现。仅仅在几十年的时间内，有些地方的平均温度就下降了近3摄氏度，还有些地方下降了15摄氏度[12]。假设这种戏剧性的全球气候变化发生在现代，很难想象我们人类的文明能够安然度过。

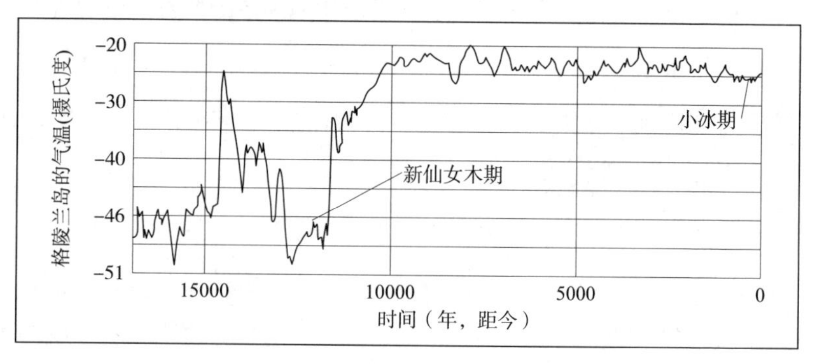

冰核里所记录的格陵兰岛气温变化历史

后来，在南极洲开展的钻探工作也印证了“世纪营”的研究结果。一个在南极洲工作的美国研究者回忆起真相揭晓的那一刻，他说只要看一眼冰核，就能清楚地知道地球气候变化的速度。在几厘米的长度内，冰核颜色由亮变暗就是大规模突发性的全球气候波动的自然印证。

认识到气候可能发生巨变给了研究者们一个警示，让他们意识到了那些尚未被我们所知的东西的重要性。当时，人为的或者人类世的气候变化只是科学家在会议上讨论的抽象名词，它除了一种可能性之外什么也不是。几乎没有人能够将这种发生在12000年前的气候突变和我们自身的行为联系起来。

哪一个地球

虽然地球上的家人已经悄然做好了充分的准备，但威廉·安德斯最后还是没能和家人待在一起，因为当时他在太空飞船上。1968 年平安夜，在距离他所出生的星球 32 万千米的地方，安德斯和“阿波罗 8 号”飞船上的航天员弗兰克·博尔曼与詹姆斯·罗威尔成为第一批绕月球飞行的人类。

“哦，天哪！”安德斯透过“阿波罗 8 号”飞船控制舱狭小的窗户看到外面的景象时，不禁惊讶地向同事叫道，“快看，地球升起来了。”他越过月球的地平线向远处看去，不禁感慨道：“哇，简直太美了！”

当安德斯拿起彩色胶卷的时候，博尔曼开玩笑说：“不要拍照，这可不在计划内。”装好胶卷后，安德斯稍微等了一会儿，打量了一下眼前这幅壮丽的图景，然后按下了快门，拍下了这张将要改变世界的照片[13]。

1968年威廉·安德斯在“阿波罗8号”飞船上拍摄的标志性的照片《地球升起》（美国国家航空航天局）

在安德斯拍下的这张照片中，蓝色地球高高地悬挂在灰色月球的上空。这张照片被命名为“地球升起”,它成了一个象征。它曾经被《生活》杂志评选为人类历史上最有影响力的100张照片之一。从那以后，在太空中拍摄的那些蔚蓝色的海洋、白色的云层以及绿褐色的陆地的照片才渐渐为大家所熟悉。“世纪营”揭示了另一个惊人的真相：我们今天所认识的星球并不是它过去的样子。假如你在1亿年前、5亿年前或者30亿年前到访过地球，你就会看到一个和安德斯照片中的地球迥然不同的星球。

19世纪以来艰苦卓绝的努力让地质学家和古生物学家构建了一条有关地球历史的时间线，不过利用这条时间线去了解地球变化的细节是近50年来才开始的事情。在地球历史中有4个漫长的宙，它们代表了地球气候和生命最为重要的变化阶段。这些宙又细分为代，代又进一步分成纪或者世。比如说，“世纪营”里开采出来的冰核就反映了两个重要的气候转换时期：更新世和全新世[14]。

地球故事始于一团云状的气体或尘埃。大概在50亿年前，那块接近1光年跨度的缓慢旋转的星云由于自身的质量发生坍缩。在坍缩的中心形成了太阳，同时这颗年轻的恒星周围还出现了一个快速旋转着的云状圆盘。在云状圆盘的内部，尘埃微粒开始频繁地互相碰撞而形成自由漂移的卵石，这些卵石继续碰撞，形成了岩石大小的物体。这些岩石碰撞后形成了巨大的砾石，接着继续发生碰撞，直至形成小行星大小的星体。经历了1000万年至1亿年的岁月之后,引力将这些星体聚拢在一起，形成了地球和其他岩质行星（水星、金星和火星）[15]。

于是，地球的第一个宙——冥古宙开启了：从46亿年前持续到40亿年前，冥古宙这个名字非常形象地描述了当时这颗行星上如地狱般的自然条件。在冥古宙早期，地表被熔岩所覆盖。慢慢地，熔岩开始冷却、变硬，形成了固体表面。不过，小行星和卫星依然如雨点般降落在这颗星球上，直至这个叫作重撞击晚期的时代结束。这时，我们的太阳系已经将星系内的垃圾清理干净。在这个过程中，地质灾变带来的影响遍布地球表面，将有些地表甚至整个地表重新带回到熔岩状态。从撞击引发的爆炸以及重新熔化的岩浆中释放出来的气体给这个地狱般的地球留下了一个主要由氦气和二氧化碳组成的大气层[16]。

我们的地球曾经是一颗流淌着岩浆的灼热星球。

直到冥古宙快要结束的时候，地球上才开始出现最初的生命形态。小行星的频繁撞击让地表的土壤变得更加肥沃，产生生物圈的可能性逐渐增大[17]。不管怎样，到了下一个宙——太古宙初期，今天我们所知的生命种类的雏形基本出现。太古宙从 40 亿年前一直持续到 25 亿年前。正是在这一漫长的地质时期内，建立在 DNA 基础上的生命才遍布全球，这是一种能够进行自我复制的分子所具备的生物化学特性。但在太古宙，所有的生命形式都是生活在海洋中的简单的单细胞有机体。将生命与水关联起来的原因非常简单：当时整个星球就是一整片美丽的海洋[18]。

现在陆地占地球表面积的 30%，而在太古宙陆地面积才开始增长。今天我们所生活的陆地表面是由花岗岩组成的，它的密度要比构成大洋底部的黑色火山玄武岩低。花岗岩是在地幔内形成的。就像房间内的暖空气一样，花岗岩在形成的过程中会慢慢上升，一直升到洋底玄武岩的上面。在太古宙，这个过程才刚刚开始，当时地球上并不是陆地遍布，而是只有一到两个叫作克拉通（地台）的大陆雏形。每一个克拉通比今天的印度都还要小。

因此，地球曾经是一个由无边无际的海洋组成的水世界。

在从太古宙慢慢地进入到元古宙的过程中（即25亿年前到5亿年前），生命开始慢慢地探索出一种新的结构形式和新陈代谢方式。地球上最早的细胞相对简单，这种细胞叫作原核细胞，现在的细菌也属于这种细胞。通过把复杂的分子分解成更简单的结构（最基本的发酵过程），原核细胞得以生存。早期光合作用的演变可能赋予了一些原核细胞从太阳光中汲取能量的能力。通过光合作用，细胞能够利用阳光来制造食物[19]。

在元古宙初期，生命就已经学会了新的、更有效的光合作用机制，其中有些源自内在机制在更大范围内的拓展，比如能够保存细胞基因蓝图的细胞核。随着拥有细胞核的真核细胞的出现，地球生命的轨迹也发生了改变。有了光合作用的帮助，细胞能够得到更多的能量，这使得它们的适应性更强。地球上的第一个多细胞有机体出现在元古宙，当时生命形式正开始分工合作。细胞开始分化为不同的类型，它们各司其职，共同合作。不过，要是没有一个更大的有机体来支撑，这些功能分化的细胞就无法生存[20]。

随着生命的演化，地球自身也在不断变化。在元古宙，地球上的第一批克拉通扩大为完整的大陆。随后，大陆板块的缓慢运动又逐渐将这些大陆聚拢在一起形成一个超级大陆。这是一个巨大无比的陆地群，叫作罗迪尼亚。在地球历史的演化进程中，不断有其他的超级大陆形成和分裂。每一次变化都改变了全球的洋流，重塑了岩石风化模式以及二氧化碳的循环方式，因而造成了地球气候的改变[21]。

元古宙期间最重要的气候变化也许是整个地球第一次几乎被冰雪完全覆盖。在元古宙，这样的情况至少发生过4次，大气层中温室气体含量的减少将地表温度拽入冰点。从极地一直到赤道，整个地球都被包裹在几千米厚的冰层下面。[22]从太空中看去，这颗冰雪星球就像一个斑驳陆离的乒乓球，看不到大面积的蓝色水域。

因此，地球曾经是一个被一望无际的冰雪所覆盖的寒冷世界。

当然，在地球经历的所有变化当中，没有什么比5.4亿年前发生的生命大爆发更神秘、更不可思议了。经过一个非常短暂的地质时期后，生命的演化进入了狂热状态。起初非常简单的多细胞生物开始迅速分化成为新的形式和物种。仅仅在5000万年的时间里，生命演化就完成了标识今天地球上生命的所有基本结构的工作。这段生命演化史上空前绝后的加速时期称为寒武纪生命大爆发（它发生在寒武纪这一地质时期）[23]。

也就是在寒武纪之后，我们从各种通俗读物中所了解到的地球史前的样子才开始出现。在3亿年前，出现了一个遍布着广阔而又茂密的森林的石炭纪，那些森林逐渐变成了为我们今天的文明发展提供能量的煤炭层[24]。地球还经历过侏罗纪，电影以及孩子睡梦中出现的巨大无比的恐龙就生活在那个时代。而最后才是冰期和间冰期交替出现的时期，在此期间人类开始出现并繁衍。

在喧闹不息的显生宙期间，地球依然来来回回地在很多版本之间变动。不过对我们今天这个时代最有影响的还是地球气温上升到“发热”状态的时期。

在5500万年前，一个名叫盘古大陆的超级大陆开始分裂。火山带动地壳板块进入活跃状态，向大气层中喷入二氧化碳的速度远远高于地壳吸收二氧化碳的速度。全球平均气温比我们今天所经历过的高8摄氏度，史称始新世极热事件，其结果就是使得整个地球几乎容不下一块冰[25]。在格陵兰这个未来的苏伦·格雷格森在夏天仍要忍受零摄氏度以下寒冷天气的地方，那时的温度竟达到了让人感到温暖惬意的21摄氏度。

这样，地球再一次成为一个热带雨林般的世界、一座闷热的温室，所有的冰雪都融化了。

不像火星在整个太阳系的历史中一直处于干燥寒冷的状态，地球是一颗有着多种面具的星球。了解了地球不断地从这个面具向另外一个面具转变，接下来要问的一个问题非常明确：什么力量使我们的星球发生了如此多戏剧般的转变呢？

大氧化事件

当唐纳德·坎菲尔德刚钻进世界上最著名的深海潜水器“阿尔文号”狭小的舱体时，机械师问这位生态学教授是否有幽闭恐惧症。这是1999年的秋天，他们所乘坐的科考船正缓缓地行驶在加利福尼亚蔚蓝色的海湾中。

“幽闭恐惧症？不，完全没有。”坎菲尔德一边说一边尽量平躺下来，让两个人都能感觉舒适些。

机械师冲着他会意地一笑，说：“好……不管你想要干什么，请千万不要去碰这个红色扳手，除非碰到紧急情况。”[26]随后，舱门砰的一声关上了。

在加利福尼亚海湾距离下加利福尼亚半岛东岸80多千米的海域，经过1小时的下潜后，坎菲尔德开始在瓜伊马斯海盆底部搜寻，此处位于海平面以下1600米。这个海盆是两个大陆板块分开时的“扩展区”[27]，这两个大陆板块彼此分开的时候，会以每年2.5厘米的速度带动下加利福尼亚半岛离开墨西哥大陆。这个速度相当于我们指甲生长的速度[28]。

在这两个大陆板块之间，灼热的岩浆从地心深处往上涌出，逐渐冷却、硬化，变成坚硬的岩石，形成新的海底。

从“阿尔文号”1.8米长的钛质船员舱内通过圆形观测窗望去，坎菲尔德第一次看到了洋底的景象。展现在他面前的是另一个世界，与太阳光能照射到的大洋上层完全不同。

坎菲尔德在他所写的《氧气》一书中回忆道：“在我们周围到处是冒着泡的热液，它们从层层叠叠的地缝中钻出来。”海水被地球内部的岩浆加热后，沸水沿着裂缝处形成的黑烟囱向上涌。高温地质只是呈现在坎菲尔德面前的奇异景象之一。更令人不可思议的是，在这个灼热而黑暗的地方竟然有生命存在，一片生机勃勃。“成群的巨型管状蠕虫从黑暗处探出身来，在宽阔的石灰岩上轻轻地摇摆。”他写道[29]。这种巨大的管状蠕虫没有颜色——在这个无尽的黑暗世界之中是不需要颜色的。

坎菲尔德认出了海底石灰岩上看起来像雪似的东西是什么。显然，他看到的并不是雪，而是细菌。大量的微生物依赖深海热液中喷出来的热量生存，它们以硫化物为食[30]。正是这种在极端环境中还能茁壮生长的能力才使得坎菲尔德眼前的这个奇特的生态系统得以存在。

坎菲尔德此次洋底之旅的目的是从生物化学的角度来窥探地球的历史。他在瓜伊马斯海盆底部的发现为我们了解无须阳光的生命形态提供了线索。它们或许是地球早期的一个版本遗留下来的，应该在地球发生关键性的变化之前就存在，而这一变化就是大氧化事件造成的氧气增加。

“试着去想象一下那些足以改变整个星球的深刻而又彻底的变革，”坎菲尔德写道，“去想象一下那些革命性的事件，它们永久性地改变了大气层的化学成分、海洋的化学成分甚至生命的本质。”[31]

针对这个问题，坎菲尔德首先考察了人类历史上的一些重要事件，如大饥荒、文艺复兴和第二次世界大战。“这些都是重要的事件，”他写道，“但是它们对人类之外的领域所产生的影响很小。”接着他列出了6500万年前让恐龙消失的大灭绝事件、2.5亿年前地球上近95%的动物物种的消失。即便这些事件和大氧化事件相比都逊色一些，但“每一个大灭绝事件都改变了动物演化的进程，可是它们并未从根本上改变生命的结构或者地球表面的化学成分”[32]。他问道，到底是什么引发了地球如此巨大的变化呢？其实回答坎菲尔德的这个问题就像吹口气那么简单。

在地球最早期的地质年代里，大部分生物所需的能量都以化学元素为来源，就像坎菲尔德在深海下潜时所看到的那样。然而，到了太古宙中期，至少有一些单细胞的有机体已经知道如何汲取一种新的能量：太阳光。最初有机体的光合作用是以一种被科学家称为“无氧光合作用”（吸收阳光而不产生氧气）的方式进行的，它的出现是地球生命演化过程中的一次主要变革。在演化过程中，经过一些非凡的（当然还有漫长的时间）尝试以及试错后，一些细菌拥有了一种纳米级大小的接收器，能够吸收太阳光，为一系列化学反应提供能量，最后制造出糖分子。对所有需要保持活性、处于新陈代谢状态的细胞来说，不管什么形式的糖都是提供能量所需要的基本化学成分[33]。

经过10亿年左右的无氧光合作用后，自然界变得生机盎然。在太古宙晚期的一段时间内，一种新的光合作用方式演化出来了，它第一次利用水来促进化学元素间的相互作用。因为地球上拥有大量的水，学会利用这种新型光合作用的细胞完胜了其他形式的细胞。这些有机生物——蓝细菌（又称蓝绿藻）不仅呈几何级数增加，而且它们在吸收了水分、二氧化碳和阳光之后，还开始释放氧分子。氧是整个化学反应的废弃物[34]。于是，这种吸收水分、利用光能、产生氧气的新陈代谢方式成为地球历史上最为强大的一股力量。

随着时间的推移，蓝细菌通过新陈代谢向海洋和大气层中释放了大量的氧气，以至于整个地球被迫做出回应。地质冰层清晰地表明早期大气层中氧气的含量极少，但是到了 25 亿年前，氧气含量开始升高。仅仅几亿年后，大气层中氧气的含量就占主要地位了。

这就是大氧化事件，英文简称 GOE。不过具有讽刺意味的是，氧气的增加对当时生活在地球上的大量生物来说是有害的。氧气能和很多化学元素合成，这种能力意味着它能迅速地使细胞丧失功能，然后杀死它们。不过，生物的演化过程总是出人意料的，细胞很快就学会了与氧化产物一起创造出更好、更有活力的生命形式。呼吸氧气的生物很快就演化出来了，它们利用这种化学元素来支撑更快、更复杂的新陈代谢机制[35]。要是没有氧气参与到演化中来，用来阅读和理解这段文字的大脑就不可能出现。

到大氧化事件快要结束的时候，无氧光养生物这个地球曾经的主人却被迫躲进了远离氧气的角落之中，它们不是学会了在黄石公园那些臭气熏天的硫化池中生活，就是钻进了我们的胃里。这样，一种呼吸氧气的新生命形式接管了广袤的陆地、浩瀚的海洋以及辽阔的天空。

大气中氧气的存在让生命得以占领整个陆地。由于紫外线会造成细胞损伤（比如阳光对皮肤的灼伤），在大氧化事件之前，来自太阳的紫外线毫无遮拦地穿过大气层照射进来。只有在海洋中和地表之下，生命才能够躲开紫外线的伤害而形成丰富的生态系统。不过，有了氧气之后，大气层上空开始形成臭氧层。臭氧是一种气体，它由 3 个氧原子构成，主要分布在大气层的上层，能够吸收紫外线。如果大气层中的氧气没有增加，这个保护陆地生命安全的臭氧防护层就无法形成。

大氧化事件的影响能向我们传递一些什么样的有关人类世的信息呢？它表明生命并不是地球演化进程中的一个深思熟虑的结果，也不是在地球出现后就简单地沿着某条路径一路演化而来的。大氧化事件清晰地表明，在地球历史上某段很早的时间内，生命就完全改变了这颗行星的演化路径。它表明今天我们在迈向人类世时的所作所为既不新颖也非空前。同时，它也告诉我们，行星的改变未必会对那个引起这种改变的特定物种有利，就像大氧化事件迫使那些释放氧气的（而不是无氧呼吸的）细菌放弃了地球表面[36]。

因此，通过大氧化事件我们能够洞察到，人类对自身及其在宇宙中地位的认知正在发生彻底的转变。我们开始形成的这个观念不仅触及了最深奥的科学原理，而且与最高形式的神秘主义认识相关。我们也步入了这样一个时刻，可以对生物圈和人类在生物圈中的地位展开充分的想象。

生物圈的开启

科学家闻名于世的原因有很多种。像爱因斯坦和达尔文这样的科学家的思想能够撼动旧观念，他们的名字将永远在天才榜中闪耀；还有像卡尔·萨根和斯蒂芬·霍金这样的人，他们不仅是杰出的研究者，而且凭借写作方面的才华让成千上万的非科学工作者领略到了科学的魅力和力量。可是，有多少人曾经听说过弗拉基米尔·伊万诺维奇·维尔纳德斯基这个人呢？在其故乡俄国之外，他并不是一个家喻户晓的人物。

正是维尔纳德斯基的观点（以及其中包含的奇思妙想）预先赋予了

有生命的行星一个新的科学概念。当我们进一步踏入人类世的时候，便会发现维尔纳德斯基早已到达那里，正等着我们去追赶。

维尔纳德斯基于1863年出生在俄国的圣彼得堡，他的母亲是个贵族，父亲则是政治经济学和统计学领域的一名教授[37]。维尔纳德斯基的父母因为信奉人文理念而为世人所知，他从父母那里继承了坚定和执着的品质，并且将其转移到了对科学的热爱之中。维尔纳德斯基从未动摇过对科学事业的忠诚，即便个人要冒着极大的风险，他也一直在为追求科学真理而奋斗[38]。

维尔纳德斯基最初从事矿物质的化学研究。19世纪后期，他在欧洲各地旅行，热衷于运用最先进的物理学方法来研究岩石。他的目标是确立一种精确的工具，以便能够解答有关地球历史的问题。尽管他致力于经验研究，但是他不是一个仅局限于某个领域的专家。在整个职业生涯中，他试图去了解整体性认知是如何通过对部分的、具体的问题的研究而呈现出来的。

这样，维尔纳德斯基为地球化学这门新学科奠定了牢固的数据基础，通过对地球地表物理结构的微观分析来解开地球历史之谜。然而，维尔纳德斯基并没有止步于此。在他看来，不仅地质学和化学彼此相关，而且生物在地球的演化历史中也发挥了至关重要的作用，因此他开辟了一个新的研究领域：生物地球化学[39]。

维尔纳德斯基常常批判生物学家将有机体视为自主实体的做法，在他看来，任何一个物种不仅仅是其所处环境的产物，而且从总体上来说，物种的活动还塑造了环境。正如他所指出的："一个有机体不仅仅在它能适应的环境中演化，而且这个环境得适应这个有机体的演化。"

这种兼备宏观与微观的视角，让维尔纳德斯基在为我们讲述地球生命的故事时增添了新的内容。在与瑞士地质学家爱德华·休斯讨论的基础上，维尔纳德斯基提出，如果没有将生命的演化视为一个具有影响力的核心要素，那么这样的研究就是不完整的。在他看来，要是不能理解生态圈的机制，就不能真正地了解地球。

生在这个时代的我们能看到航天员威廉·安德斯拍摄的照片《地球升起》，确实很难想象当时生物圈对人们来说还是一个非常新颖而激进的概念。但是，恰恰是维尔纳德斯基对这个概念进行了科学的定义，也正是他明确地指出，生命不只是散落在岩石和大气层之间的狭窄空间里的微不足道的存在，它们与火山和潮汐一样还是改变地球面貌的一种重要力量。后来那些研究大氧化事件和现代气候变化的科学家也将逐渐地——也是努力地——证明这一观点。在地球亿万年的演变历史中，生命是一种非常活跃的塑造力量。维尔纳德斯基在 1926 年写道：

> 生物圈收集并重新分配太阳能，最终将它转变成一种能够被地球自由支配的能量……倾泻到地球上的太阳辐射让生物圈具备了某种没有生命的星球表面所不具备的特性，因而改变了地球的面貌。[40]

在维尔纳德斯基的整个职业生涯中，他一直都在修正和扩展生物圈的概念。他将生物圈视为一个领地——一层盔甲，它从地壳深处（整个岩石层）一直延伸到大气层的边缘。在这层盔甲之中，生命活动戏剧性地改变了能量和物质之间的转换。

对今天的我们来说，最为重要的是维尔纳德斯基发现了生命的塑造力量不仅是久远的，而且在今天仍在发挥作用。“生命通过逐步和缓慢的适应最终控制了整个生物圈，”他写道，“这一过程目前并未结束。”

正是这种非凡的视野才使得维尔纳德斯基成为我们现代人类故事中的一个重要角色。在某种程度上，对于地球来说，进入到人类世只不过是行星交互演化过程中所发生的一个单纯事件。然而，对于人类来说，跨入人类世则有所不同，这是一个富有意义的事件，意味着在彼此交织的生命体系中人类也成了一种塑造星球的力量。维尔纳德斯基用全球性的视角洞察到了两者的区别。这种洞见既是科学的，又带有一丝神秘主义色彩。多年以后，当我们将人造卫星和宇宙飞船送往太空，才真实地感受到了这种全球性的视角。

1945 年，维尔纳德斯基去世。受到冷战的影响，他有关生命及其对行星的影响的激进观点经过一段时间后才被苏联之外的人所知晓[41]。即便如此，当时维尔纳德斯基的观点依然是开创性的。当人类文明进入新的太空时代时，维尔纳德斯基的观点被两位科学家重新拾起，并进一步发展为一门完整的学科。

生物圈兴起

詹姆斯·洛夫洛克一直是一个行家里手。第一次世界大战后，还是个孩子的他就在英格兰组装了第一台收音机。此后，洛夫洛克在发明创造的道路上一发不可收拾。他的才华逐渐引起了有关政府部门和公司的注意，他们纷纷前来寻求他的帮助。

在第二次世界大战期间，洛夫洛克凭着化学学位开始从事医学研究。在这个领域里，他发明创造了很多东西，有用于研究普通感冒的精密气流计，还有能够在湿润的试管上写字的蜡笔。发明创造给他带来了较为稳定的收入，在这方面的才华也使他逐步具备了独立研究的能力。20 世纪 50 年代，洛夫洛克设计出了一种便宜且可随身携带的设备，可以用来测试每分钟所产生的化学污染物。这项专利给他带来了丰厚的回报，也使得他能够摆脱政府和学院派的束缚，按照自己的意愿从事科学研究。不过，政府机构依然愿意委托他来主持有关项目的开展[42]。

1961 年，洛夫洛克在位于帕萨迪纳的喷气推进实验室工作。这个实验室正是当年杰克·詹姆斯和他的团队为了金星探测任务而绞尽脑汁的地方。在洛夫洛克看来，这个杂乱无章的基地就像“一个匆匆忙忙建造起来的机场，山坡上散落着一些用预制板搭建的小屋”[43]。喷气推进实验室为他支付了路费，邀请他到这个新建立起来的基地，帮助他们为一项新的太空飞行计划设计一些精密的仪器。洛夫洛克加入了一个研究团队，帮助他们寻找火星上的生命。

洛夫洛克坐在会议室里，生物学家在他的面前摊开了一堆火星微生物探测计划书，他觉得自己无法被他们说服。“他们的思路中有一个缺陷，”洛夫洛克在他的自传中回忆道，“就是他们预先假定已经知道了火星上生命的形态……我凭直觉就知道他们是按照莫哈维沙漠中的生命形态来设定火星上的生命形态的。”[44]

洛夫洛克时常会闪现出一种局外人才具有的直觉力，他能够从不同的角度来看待问题。“我认为我们需要一个综合性实验，”他跟其他小组成员说，“用来寻找生命本身，而不是去寻找我们在地球上所熟悉的生命形态。”[45]项目经理推举洛夫洛克负责设计这个以寻找“生命本身”为目的的实验，于是洛夫洛克就走上了这样的一条探索道路，进入了维尔纳德斯基的生物圈研究领域。

洛夫洛克的物理学、化学和生物学学术背景使他能够从行星大气层的角度去看待这个问题。他知道是生命让空气中富含氧气。假如没有生物圈，氧就会和其他化学物质发生合成反应。这样一来，只要假以时日，地球大气层就会变成无氧状态。一旦没有生命，大气层就又会回到那种主要由火山释放出来的二氧化碳所主导的化学平衡状态中[46]。

基于在地球上所看到的，洛夫洛克推导出生命会让一颗行星的大气层远离某种平衡状态。这就意味着生命活动会持续不断地促使星球发生化学反应。生物圈会持续不断地供应氧气，否则氧气就会逐渐散失。这只是这种机制中的一个例子而已。

在接下来的两年时间内，洛夫洛克经常到访喷气推进实验室，继续攻克他的大气层生命探测实验的有关细节。不过，到了1965年9月，他的脑海中灵光一闪，他突然意识到他的这些想法远比一个实验有意义得多。

在办公室里跟他一起讨论的不是别人，正是年轻的卡尔·萨根。洛夫洛克仔细研究了新资料，它们表明火星的大气层主要由二氧化碳构成。不像地球的那个毛毯式的大气层，火星大气层和金星上的一样，正处在某种死亡式的化学平衡之中。一个主要由二氧化碳构成的大气层正是一系列化学反应所产生的自然结果，就好比你往一个盒子里塞进去一些化学元素，然后就置之不理，任其自动发生反应。就在这一刻，洛夫洛克的灵感来了。

“它就像一道闪电出现在我的脑海之中，（对于大气层中的化学元素来说）要保持持续性和稳定性，一定有某种东西在发挥调节作用。”“某种东西”就像这个问题的出现一样，也在洛夫洛克的脑海中一闪而过。“我突然意识到，在某种程度上，生命就是调节气候及其化学成分的‘某种东西’。刹那间，地球就像一个活生生的有机体呈现在我的面前，它能够将温度和化学成分调整至一个舒适而稳定的状态。”[47]

这是一种非常有力的想象，洛夫洛克将地球视为一个独立、完整的个体（它在某种程度上是一个有生命的个体），它会调整自己的温度，其方式跟我们的身体维持体温的方式完全一致。洛夫洛克很快就开始寻找一种特殊的机制以完善和细化他的想法，生命能够通过这种机制来适应整个星球的自然条件。随着研究工作的推进，他意识到需要给这个想法命名。他本来想称它为“自我调整的地球系统理论”，不过当他与邻居、小说家威廉·戈尔丁（《蝇王》的作者）聊过之后便改变了主意。戈尔丁建议洛克洛夫用古希腊大地女神盖亚的名字来命名这个理论[48]。

卡尔·萨根为宇宙视角下地球概念的确立做出了很大的贡献，由他来见证盖亚理论的诞生，未免有点滑稽。但要是考虑到萨根其实从未支持过洛夫洛克的观点，而他却成了推动盖亚理论进一步发展的助产士，这点就更加让人啼笑皆非了。

生物学家琳恩·马古利斯在离婚后的几年里，凭一己之力迫使科学团体认识到合作的重要性，而不再彼此竞争。她的内共生理论阐释了细胞内被称为细胞器的微观化学反应组织曾经是怎样的独立有机体。琳恩·马古利斯证明了细胞器（比如线粒体）在亿万年前已被吸入更大的细菌内部，从而形成相互协作的共生体。太古宙时期出现的改变生命演化轨迹的真核细胞（包含细胞核）就是这种共生演化的产物[49]。

在20世纪70年代早期，琳恩·马古利斯对大气层中的氧气和微生物的起源问题产生了兴趣。当她问前夫卡尔·萨根可以与什么人好好地探讨一下这个问题时，卡尔·萨根便推荐了洛夫洛克。通过这种非正式的介绍，洛夫洛克和琳恩·马古利斯开始了合作，共同将盖亚理论定义为一种能够进行自我调节的行星生命系统。洛夫洛克负责从宏观角度对物理学和化学部分进行理论建构，而琳恩·马古利斯则负责从微观角度阐述有关的微生物在其中所起的作用[50]。

洛夫洛克和琳恩·马古利斯在论文中指出，盖亚理论的基础在于反馈机制的概念。我们第一次碰到这个概念是在讨论温室效应的时候。

人体的温度一般在 37 摄氏度左右波动，这就是所谓的稳定状态。当我们死亡后，身体的温度就会和室温一致，这称作均衡。大气层中氧气的变化也适用同样的道理。目前的氧气水平由于生命活动所引起的一系列化学反应而维持在稳定状态，但是生命又是如何让氧气水平保持稳定的呢？我们已经看到光合细菌给地球带来了富含氧气的空气，可是为什么氧气含量只是升高到 21%，而没有更高呢？这是一个非常重要的问题，因为假如空气中的氧气含量上升到大概 30% 的水平，这颗星球就会成为一个火药库，任何一个闪电都会引发一场无法熄灭的大火。到底是什么因素阻碍了空气中的氧气含量进一步上升到这个危险的水平呢？为了回答这个问题，洛夫洛克和琳恩·马古利斯将目光投向了反馈机制。

在盖亚理论中，洛夫洛克和琳恩·马古利斯认为生命作为一个整体会向地球产生全球性的负反馈。那些反馈机制使得地球在漫长的历史进程中能够保持一系列相对稳定状态，从而使得地球一直处在适合居住且有生命居住的最佳状态中。换句话说，生命本身让地球更加适合生命居住。举例来说，假如氧气含量过高，那么增加的氧气本身就会引发微生物的爆发式增加，发生的生物化学反应又会将空气中的氧气含量降下来。这确实是一个非常了不起的思路。

洛夫洛克和琳恩·马古利斯提供了一种科学的宏大叙事，用来详细地阐释塑造星球的有关谜团。这也是维尔纳德斯基在灵光闪现中所获得的洞见，生命不仅是整个行星演化中的一股力量，而且是一股有着自我意识的力量。不过，一个伟大而精巧的构思并不一定就是正确的。通过提出一个至关重要的生命意志概念（生命通过盖亚理论的反馈机制来实现自己的意愿），这两位科学家犹如打开了潘多拉魔盒。

生物圈共识

新纪元的思想中没有一个是奥伯伦·泽尔－瑞文哈特（他的教名为缇莫西·泽尔）不赞同的。他是一名异教徒，信奉萨满教的一些教义。泽尔－瑞文哈特还是盖亚理论的支持者，洛夫洛克和琳恩·马古利斯那非凡而奇妙的构想之所以遭到那么多科学家的强烈反对，也正是因为这一点。

起初，盖亚理论作为科学理论在科学界受到了猛烈的批判，但在更大范围的大众文化领域里受到了疯狂的追捧。历史学家兼哲学家米切尔·露丝指出，（公众）热情地拥护洛夫洛克和他的假说。人们组建了盖亚小组，教会还提供盖亚服务，有时候配有专门为这种场合创作的音乐。此外，还有盖亚地图册、盖亚花园、盖亚草药、盖亚疗法、盖亚网络以及其他很多形式[51]。

盖亚理论正好是在环保运动和新纪元运动成为主流后提出的。1979年位于宾夕法尼亚哈里斯堡的核电站发生了核泄漏，核能问题引起了全美国的关注，而纽约州北部的居民因拉夫运河污染而被遣散成为环境恶化的一个标志性事件。盖亚理论把地球视为一个单独的、活生生的有机体——一位胸怀宽广的行星母亲，它引起了人们对生态问题的广泛关注，人们开始重新思考人类在这一系列关系中的地位。

很多科学家指责洛夫洛克和琳恩·马古利斯提出盖亚理论就像卖狗皮膏药。微生物学家约翰·波斯特盖特是英国皇家学会的会员，他指出："盖亚——伟大的大地母亲！行星的有机体！当媒体再次邀请我严肃认真地讨论它时，难道我是唯一觉得浑身起鸡皮疙瘩、毫无真实感受的生物学家吗？"[52]

对很多科学家来说，盖亚理论真正的问题与目的论有关。生物演化没有目的、方向或者目标，这一观点已经深入人心。而这种认为生态系统在某种程度上控制着地球上化学和物理条件的变化以利于自身发展的观点隐含着目的论的思想（也就是说目的导向）。它暗示了意图，但演化是没有意图的[53]。

面对抨击，洛夫洛克和琳恩·马古利斯毫不妥协地捍卫盖亚理论。有人宣称他们提出的反馈机制不过是一种幻想。为了回应这种批评，洛夫洛克与生态学家詹姆斯·沃森合作建立了一个至今仍享有盛名的雏菊世界模型。这个模型使用一套简化的方程来描述一颗只有两种雏菊（黑色和白色）的星球，再加上一个逐渐变亮的太阳。这个方程的求解过程非常清楚地反映出了雏菊的反馈机制（黑色雏菊吸收阳光，白色雏菊反射阳光），即便在太阳照射的情况下，这颗星球的温度依然能够保持在一个稳定状态。这是一个巧妙的构思，用简单的数学方程来表达复杂的思想，以证明一些基本观点。洛夫洛克指出："雏菊世界的温度保持在适合雏菊生长的范围，而这里并没有什么目的论或者先见之明。"[54]

接着，洛夫洛克和琳恩·马古利斯明确地表示，没有必要从字面上去理解这种把地球看作一个活着的有机体的看法。"新纪元""盖亚母亲"这些词不过是象征意义，洛夫洛克和琳恩·马古利斯最终要证明的是在行星演化过程中生物圈所起的核心作用。他俩追随了维尔纳德斯基的思想，并让它变得更加科学。

1983年，雏菊世界模型公开发表，舆论，至少是一部分舆论开始逆转。生物圈反馈机制作为行星运行法则的重要内容被重新加以认识，这些反馈机制被用来确定如何像一颗行星那样思考这样的问题。研究者在对地球进行研究的时候也会考虑生物圈的核心作用。不过，在这个过程中，"盖亚理论”这个名称被一个争议更小的名字“地球系统科学”所取代。然而，自我建构的概念依然存在争议，但研究者已经知道生物圈、大气层和其他系统之间的联系是如此密切，将它们视为一个整体也是有必要的。地球系统理论的发展代表了我们在如何看待行星方面态度的转变过程。对那些努力研究气候变化的研究者来说，今天，该理论已经成为这个交叉学科领域的基础[55]。

当地球系统科学研究开始拓展到地球的过去时，一个至关重要的新观念将补录到研究者的词典中。在维尔纳德斯基、洛夫洛克和琳恩·马古利斯工作的基础上，新一代科学家开始谈论生命和星球之间的“交互演化”。“交互演化”这个词将为天体生物学研究提供新的思路。生命不再与创造生命的星球隔离开了，一颗行星也会被它所孕育的生命深深地改变，即便是在生命继续演化的过程中以及在创造席卷全球的文明的时候。于是，“交互演化”这个词播下了一粒新种子，来讲述有关人类以及我们的人类世的故事。

第4章　无法企及的星球

一颗行星如何摧毁了你的职业生涯

托马斯·西受到了所有天文学同行的憎恨。对西来说，这是一个特别尴尬的处境，要知道他可曾是19世纪后期最受欢迎的天文学家，没有之一。[1]

在西开始他的职业生涯的时候，他的前途也是一片光明。他原本是一个望远镜方面的专家，不过当需要有人来做一些摘要和解释方面的工作时，西便显露出了对非专业读者进行科学普及的才能。这让他成了一名天文学方面的记者。随着他的声誉在大众读者心目中与日俱增，科学界对他的评价却每况愈下。同事们对西是如此不屑，甚至他都成了名誉扫地的科学家的典型。

不过，这个故事还得从一颗行星开始讲起。

西于1866年出生在密苏里州的一个小乡村。尽管西很小就表现出了惊人的天赋，但是直到10多岁时，他的父母才把他送到一所全日制学校。一进校门，西在科学和数学方面的天赋就引起了老师的注意。在老师的帮助下，他进入了州立大学。后来，凭借这种天赋，他得以和当时最优秀的天文学家一起共事，研究两颗恒星相互绕行的双星系统。

西的工作包括对两颗恒星在天空中的位置变化进行精准的描绘。他不知疲倦地投入到这项天文学研究中，经常连续工作18小时，将天文台在无数个夜晚所拍摄的照片信息转换成恒星在天空中的具体方位，再将这组数据代入公式中，这样就可以确定这对兄弟恒星的运行轨道的确切形状。最后，再根据它们的运行轨迹，运用物理定律换算出这对恒星的体积。在19世纪90年代后期，没有人了解恒星的体积到底有多大，西的工作正处在当时科学研究的最前沿。

西受芝加哥大学聘用，在位于亚利桑那州旗杆镇的天文观测站工作。这个天文观测站是由痴迷于火星研究的、富有的业余天文学家帕西瓦尔·罗威尔出资建造的。不过，麻烦也是从罗威尔的这个观测站开始的。

天文学家托马斯·西

1899 年，西在颇为权威的《天文学月刊》上发表了一篇文章，声称那个被命名为蛇夫座 70 的双星系统被“一个暗天体所干扰”。这句话的意思是这个双星系统的运行轨迹似乎受到了一个不可见的第三方天体的引力影响而被扭曲。后来，西宣称他看到其他双星系统伴有不可见的天体。他在文中写道：“它们似乎是不发光的，但显然能够反射出光来。这个看不见的物体不太可能是自发光的。”西在措辞上有点闪烁不定，但是他在这个声明中的用意非常明确。他在向全世界宣告，他已经发现了一些正绕着其他恒星旋转的行星。

在浩瀚的星空中是否存在拥有行星的其他恒星？这个问题一直可以追溯到古希腊。1000 多年来，天文学家和哲学家一直在为宇宙中是否存在其他像太阳系一样的恒星系统这一问题而争论不休。乔尔丹诺·布鲁诺认为存在这样的恒星系统，并为坚持这一观点付出了生命的代价。这就是为什么即使只发现了一个可以证明存在着围绕其他恒星旋转的行星的证据都具有划时代的意义。西宣告存在一颗能够干扰恒星运行轨迹的行星，这一发现非同凡响。但是在科学界，非同凡响的声明需要有非同凡响的证据来支持。对一个重视实践的科学家来说，面对这样的声明，持有一定的怀疑态度是非常必要的，因为其他人肯定会非常仔细地检查你的结论。

遗憾的是，西恰恰缺乏这样一种自我怀疑精神，而他也为此付出了极大的代价。1899 年 5 月，西以前教过的一个名叫弗雷斯特·雷·摩尔顿的学生在《天文学月刊》上发表了一篇论文，证明西宣告的那颗围绕蛇夫座 70 旋转的行星不符合物理定律，是不可能存在的。

有的时候，科学界也需要相互呼应，就像蓝调或爵士演奏家能够在乐队中某位乐师的带动下达到一个高潮。西本可以采纳摩尔顿的结论，并以此为基础重新开始；他也可以承认自己的错误，毕竟从事这样的前沿科学研究出现失误在所难免；他还可以从这一系列事件中吸取教训，以便今后更好地开展科研工作。可是，他非但没有这样做，反而错上加错。

在写给《天文学月刊》的一封措辞激烈的信中，西攻击了摩尔顿，并试图为自己有关行星的错误论断开脱。他写道，他已经了解了摩尔顿的反对意见，接下来便就轨道和行星的性质胡扯了一通。期刊的编辑们被西在信中的尖酸刻薄的语气所激怒，于是他们也采取了一种超乎寻常的手段——只是截取了信中的只言片语公布出来。他们还把这个充满维多利亚式话风的报复性版本交给西："此乃恰当之时机，诚如诸位之所见，在此之前，本刊对西博士在本刊所发表的观点给予了最大程度的包容，即便是对天主教教规的强行解读所受到的待遇也不过如此；但恐怕至此之后，假如这些原则在他看来无论是在公正性、相关性、谨慎性还是合规性上都受到了不适当限制的话，希望西博士不必为此感到惊讶。"

实际上，《天文学月刊》是在用带有责备的语气向西发出警告。

至此，情势便急转直下，愤懑和暴躁的性格让西一下子从世界上最大的天文学中心被发配到了加利福尼亚州马雷岛上的一个"海军天文台"。这里不过是附属于大型海军造船厂的一个计时站，马雷岛上连一台像样的望远镜都没有。

由于缺乏良好的设备用于观测，西开始将注意力转向理论研究。然而不幸的是，虽然他在天文观测方面天资异常，但在基础物理方面的禀赋糟糕至极。西好像有意错过了物理学领域在世纪之交所发生的每一个革命性突破。他自始至终都反对新兴的量子物理学所发现的具有深远意义的原子现象，还对爱因斯坦那广受称道的相对论提出了质疑。他依然宣称自己有关宇宙结构的观点已经通过观测得到了证实（实际上并没有）。

将西的科学声誉踹入坟墓的最后一脚来自 1913 年出版的一本书《T.J.J. 西的旷世发现》。作者称西是“世界上最伟大的天文学家”，然而有人通过进一步调查指出此书的作者恰恰是西本人。于是，他永远失去了过去天文爱好者对他的尊重。西于 1962 年去世，最终也未能被他所投身的研究领域所接纳。

精确性难题

西并不是最后一个宣称发现了新行星却被认为证据不足而使职业生涯受到威胁的天文学家。在接下来的几年时间里，不知有多少回，一些天文学家宣称发现了一颗行星，可是最后都悄无声息了。发现系外行星的难度在于精确性。行星昏暗，而恒星明亮；行星寒冷，恒星则散发热量；行星小如浮尘，而恒星则宛若庞然大物。如果从其他星系去观测太阳，你会发现它要比地球亮 1 万亿倍。穿越星际的距离去探测一颗类地行星就好比你站在纽约，却想要看见旧金山 AT&T 公园里巨人队正在比赛的那个球场上某个聚光灯旁边的一只萤火虫。

因此，科学家若要“看见”一颗遥远的行星，就必须将这颗行星发出的微弱信号从它的恒星发射出的万丈光芒中识别出来。虽然我们有大量的理论方案可供天文学家用来探测行星，但是这些方案都要求有高度精确的测量手段来支持。

最早的行星搜寻方法是天文学家西所采用的，这种方法将关注点放在恒星和行星的运转轨道上。通常我们认为行星总是围绕它们的恒星运转。不过事实更为有趣：所有天体都围绕彼此运转。同等质量的双星会绕着它们中间的一个点运转。不过，一旦其中一个天体的质量比另外一个要小（一颗小行星绕着一颗大恒星运转的情况就是如此），那么运转轨道的中心便会偏向质量较大的那个天体。因此，看起来是一颗行星围绕着恒星旋转，但是这颗行星的引力也会迫使恒星的轨迹围绕一点发生偏移。这种轻微偏离的中心就取代了恒星自身的中心。西的研究方向是找到这种天体细微运动的证据，这需要长年累月地追踪一颗恒星的位置。这样，当恒星被一颗不可见的行星扰动时，天文学家就能看见恒星的轨迹出现了之字形扭曲。不过，恒星位置的变化是非常细微的。举例来说，假如有外星人从 15 光年之外的地方观测太阳，那么即便是由太阳系中质量最大的行星所引起的太阳轨道的偏转，恐怕也很难观测到。对这些位置的细微变化进行测量所需要的精确度绝不是西当时掌握的技术所能企及的。

还有一种方法是追踪恒星和行星之间的“引力舞蹈”，意思是去追踪恒星运行速度的变化而不是其位置的变化。当恒星开始在自己的轨道上运行时，行星的引力会引起其先朝地球上观测者的方向偏移，然后再偏向另一方。假如天文学家能够测量到速率上的这些变化（即反射运动），就能够设计出一种探测绕行行星的方法。不过，就像运行轨道一样，由轨道反射运动所引起的星际运动速率的变化依然非常细微，要达到探测所要求的精确度依然还有大量的技术难关需要攻克。

探测系外行星的第三种方式是只关注恒星的亮度，即其总的光输出。在任何一年中，从地球上可以看到 2 ~ 3 次日食。以地球作为观测点，每一次日食都发生在月球从太阳前面穿过期间部分或完全挡住其光线的时候。同样的原理可以应用于行星搜寻。

想象一颗遥远的恒星，它有一颗系外行星。再想象一下这颗行星围绕它的主星运行时，会出现行星与地球和恒星在一条直线上的时刻。这意味着系外行星在每一个周期的公转中都会从地球和恒星之间短暂掠过，正如月亮在月食期间从地球和太阳之间掠过一样。每当有行星进入地球与它的主恒星之间时，它将挡住主恒星的一小部分光，而我们在地球上则会看到主恒星的光线非常微弱地变暗了。

天文学家使用术语“掠过”一词来描述行星经过恒星表面的情况。看到系外行星掠过其恒星需要非常精密的光探测器。当木星掠过太阳表面时，在太阳系外观察太阳的外星人能看到它的光线只变暗了 1%。当地球掠过太阳表面时，太阳光只会变暗 0.01%。除了这种对精度的苛求之外，还存在着另一个复杂的因素：恒星自身也会产生与它的行星掠过其表面时同样轻微的光线变化。恒星上的黑暗区域称为“斑点”，由强大的恒星磁场引起。这只是恒星光线发生变化的众多原因之一。任何成功的基于“掠过”的系外行星搜寻方法都必须要求测量手段及对被测恒星的了解都是非常精确和准确的。

直到 20 世纪 70 年代早期，行星一直隐藏在这种“不精确性”面纱的后面，以至于许多科学家放弃了寻找它们的努力。此前，在整个 50 和 60 年代，天文学的其他领域（比如对遥远星系的研究）都取得了巨大的进展，但是在搜寻系外行星方面天文学家们则似乎毫无办法。

“我记得在 20 世纪 90 年代早期，人们瞧不起那少数几个推动行星搜寻计划的研究人员。”一位科学家回忆道，“美国国家航空航天局的管理人员为了避开他们的骚扰会选择走另一条路。对那些家伙来说，这是一段艰难的时光。”[2]

但是，行星搜寻的状况即将改变。20 世纪 70 年代中期，在弗兰克·德雷克那个寻找外星文明初始问题的直接激励下，我们终于迈出了对系外行星进行认真研究的第一步。

通往答案之路

弗兰克·德雷克和卡尔·萨根关于外星文明的公开讨论为寻找外星智慧生命项目（SETI）奠定了科学基础，但具体的搜寻工作则交给了新一代科学家来完成，而其中最关键的人物当属吉尔·塔特。

和德雷克一样，塔特也是在康奈尔大学工程物理课程的学习中开始进行科研基础训练的。她在加州大学伯克利分校研究生院完成学业时，就决定将工作重点放在SETI上[3]。在漫长而杰出的职业生涯中，塔特担任过美国国家航空航天局SETI的专家，被聘为SETI研究所伯纳德·M.奥利弗讲席教授[4]。她在世界各地的射电天文台都实施了观测项目，掌握了外星文明和系外行星这两个问题如何合而为一的第一手资料。

20世纪70年代，出于对SETI的热衷，塔特参加了一系列会议。在这些会议中，精度和行星检测等问题第一次得到了大家的认真对待。"20世纪70年代早期，搜寻行星的技术还未诞生。"她说，"这意味着需要将天文学家聚集在一起，共同商讨其障碍是什么，以及我们如何战胜它们。"[5]出于这个目的，1975年在美国国家航空航天局位于圣何塞的艾姆斯研究中心召开了一个研讨会。会上首次提出了有关SETI技术的基础性问题。这次研讨会侧重于讨论对外星文明信号进行搜寻的策略，不过与会者也认为，同时还需要对德雷克方程中的各个因子进行研究。这些因子中最为重要的是恒星与行星的比例以及宜居带内的行星与行星总数的比例[6]。

"第一次研讨会还引出了另外两个专门研究行星搜寻方法精确性的研究方向，"塔特在一次采访时告诉我，"1978年在艾姆斯又召开了一次会议。这是我们第一次深入研究不同的行星搜寻方法，分析哪一种方法成功的概率最大。”

这次会议的记录显示，大多数讨论集中在天体的空间测绘上，即西所使用的方法。大家还详细讨论了基于捕捉反射运动的搜寻方法，直接探测方法（即直接采集来自行星的光线）也被拿到桌面上进行了讨论[7]。但是，观察行星掠过恒星时引起的星光变暗现象这种掠过搜寻方法竟然没有被写进报告。事后，我们看到将它排除在外是一件多么具有讽刺意味的事情。

虽然每一种方法都存在着各种各样的问题，但会议仍然以乐观积极的态度结束。最后与会者总结道：“前景是美好的，我们应当增强信心，深入研究其他行星系统的频率和分布。”[8]后来，由 SETI 倡导的另一次美国国家航空航天局研讨会在马里兰大学举行，对技术细节进行了更为详尽的探讨。

“（第二次）会议结束后人们感到存在一种可能性，”塔特告诉我，“如果技术问题得到解决的话，那么反射运动搜寻方法将被认为是最有希望的。我想很多人都非常兴奋。”[9]

然而，并不是每个人都这么开心。虽然马里兰大学的那次会议提及了掠过方法，但其前景被认为是黯淡的。最后报告得出结论：“研讨会审议了光度（基于掠过）研究在探测其他行星系统方面的作用，但我们仍然坚持以前的研究结论，即光度研究尚不切实际。”[10]

对于一位执着的科学家来说，这个结论并不意味着盖棺定论。“美国国家航空航天局有一位名叫比尔·博鲁茨基的年轻研究员，”塔特说，“他坚信掠过方法依然有前途，即使其他人都认为这是没有希望的。我认为他决心要证明其他人错了。”

一个3000年难题的破解

1995 年，在佛罗伦萨举行的一个小型天文学会议上，瑞士科学家米歇尔 · 马约尔穿过观众席登上领奖台。在场的天文学家对现场竟然来了一个电影摄制组感到奇怪。原来这是因为马约尔扔出了一个具有划时代意义的“重磅炸弹”。他和“同伙”迪迪埃 · 奎洛兹找到了能够证明一颗行星绕着一颗恒星运行的确凿证据[11]。当我们发现宇宙中存在着不止一个像太阳系一样的恒星系统的时候，至少我们并不孤单。

在艾姆斯会议和马里兰大学会议之后的 15 年间，基于反射运动的行星搜寻方法的障碍已经被清除。在美国，天文学家杰夫·马西和保罗·巴特勒建造了一系列更加灵敏的仪器来对我们附近的许多恒星进行监测。他们的行星搜寻方案应该是当时世界上最完整的。

但是，马西和巴特勒期待的是跟我们的太阳系类似的其他恒星系统。他们估计，要追踪到一颗在木星公转轨道大小的公转轨道上绕行的如木星般大小的行星所发出的信号需要很多年的时间（木星需要 12 年才能在地球和太阳之间掠过一次）。马约尔和奎洛兹有一个旨在寻找邻近双星的观测计划。他们的行星探测计划进展得非常顺利，他俩还具备对他们的发现进行鉴别的洞察力[12]。

马约尔和奎洛兹发现，他们所观察的一颗行星正围绕着飞马座 51 的轨道运行，距离地球 50 光年。这颗名为飞马座 51b 的行星大小跟木星差不多，但每 4 天就绕着它的主恒星公转一周。这意味着它与其主恒星的距离大概是太阳系最内层的行星水星与太阳的距离的 1/10[13]。不过涉及恒星系统时，一颗在小小轨道上绕行的巨大行星并不是天文学家所期待的。

我们将视线投回到美国，马西和巴特勒也很快开始在类似的小轨道上寻找行星，没过多久便有了发现。继马约尔在佛罗伦萨发表讲演后，仅过了几个月时间，马西和巴特勒就举行了新闻发布会，宣布他们发现了另外两颗如木星般大小的行星[14]。

在飞马座 51b 之后，越来越多的行星被发现。搜寻行星突然变成了当时最热门的一种游戏。两年后，发现的系外行星数量超过 20 颗。到 2002 年,这个数字已攀升至 150。5 年后,至少有 500 颗系外行星被确认。随着发现新的系外行星所带来的惊喜逐渐消退，天文学家开始着手对这些新世界展开一次普查。

但是，在一颗恒星的宜居带内找到一颗如地球般大小的行星，这才算真正中了大奖。这种行星的表面有可能存在水甚至生命。地球的质量是太阳的 1/330000，这意味着需要更高的精度才能探测到如地球般大小的行星。反射运动探测方法需要更高的精度，因为一次运动的偏移只能反映一颗恒星的作用。天文学家迫切需要的是能够全面了解行星整体状况的精确方法。这个门槛将被一个遭到了拒绝却依旧不死心的年轻人跨过。

比尔·博鲁茨基是美国国家航空航天局的一位资深科学家，他曾在航天器隔热板的物理学研究领域崭露头角。20 世纪 70 年代后期，他决定改变自己的研究领域。行星探测问题正好具备了他所喜爱的技术挑战性，而且在马里兰大学会议之后，基于掠过的行星搜寻方法遭到忽视，博鲁茨基决心证明这些方法具有可行性。在 1984 年发表的一篇如今已经非常著名的论文中，他和一位合作者提出了一个基本框架来研究如何建造一台精密的仪器，专门用来检测恒星光输出的微小变化。接着，在 1992 年他运用相同的技术提出了一个建造空间望远镜的思路，用于搜寻行星[15]。

虽然美国国家航空航天局认为这个想法很有意思，但他们并不相信博鲁茨基的探测器会起作用。尽管提议受挫，但博鲁茨基并没有放弃，他开始系统地解决美国国家航空航天局所关注的那些问题。他制作了一个低成本的探测器原型，以证明他的系统可以实现所要达到的目标。博鲁茨基全力以赴工作了几个月，他的设计方案可以完全按照他的设想运作。1994 年，他花了几个月时间提交所有的文档，再次提议开展基于掠过方法的望远镜项目，但这次提议又被否决了。这一次，美国国家航空航天局表达了另外的担忧。新的质疑集中在博鲁茨基声称他可以同时对多颗恒星进行掠过探测。博鲁茨基再一次筹集了一些资金。为打消所有疑虑和实现每一个目标，他做出了非凡的努力。4 年后，他和他的团队提交了新的方案。不过，他们遭到了第三次否决[16]。

一个稍有理智的人可能会就此放弃努力。这样看的话，博鲁茨基显然不是一个有理智的人。他知道他是正确的，他知道掠过方法可以扭转乾坤。他勇往直前，义无反顾。

最终，博鲁茨基取得了胜利。在一个构想上努力坚持了 20 多年，并且由于科学上的不完善而遭到多次否决后，博鲁茨基的第四次提议终于被接受了。这个后来为人所熟知的开普勒项目终于遇到了一次绿灯[17]。

开普勒望远镜被设计成专门用来一直观测天空中的某个区域。在那一小块空间中，大约有 156000 颗恒星被确认值得关注[18]。这架望远镜会日复一日、年复一年地耐心观测相同的恒星。它必须有足够的耐心才能捕捉到足够多的掠过过程（足够多次数的光输出的骤降），从而获得系外行星绕轨道公转的明确信号。

2009 年 3 月 6 日，开普勒望远镜搭乘“德尔塔 2 号”运载火箭进入太空[19]。发射过程完美无瑕。经过这么多年被否定，博鲁茨基和他的团队最终站在发射场边注视着火箭升空，目睹自己 20 多年的构想终于变成了现实。接下来，他们无须再等待很长的时间。

“一旦数据开始从太空传回地面，我们就能看到掠过现象，” 10 多年前就加入博鲁茨基团队的天文学家娜塔莉·巴塔利亚回忆道：“你可以像在大白天看见东西一样清楚地看到光度骤降。我们实际上只需坐在自己的办公室里，就能在每次掠过时搜寻到新的行星。”[20]

开普勒望远镜首次被确认探测到了系外行星是在 2010 年 1 月，但那并不算什么新奇的事情。依据这些探测数据，天文学家们还同时发现了成千上万颗“候选行星”。很多恒星都被检测到出现了光度骤降，不过还不能就此宣称成功地探测到了行星。有这么多候选的系外行星，博鲁茨基团队就像坐在了一个宇宙百宝箱前面。到 2014 年，这个百宝箱终于被完全打开了。那一年，博鲁茨基团队在一次新闻发布会上宣布发现了 715 颗系外行星[21]。行星的大批量发现成为新的现实。截至 2015 年，开普勒望远镜和其他探测方式一起为天文学家找到了 1800 颗新的行星，可用来进行详细的研究[22]。

随着系外行星数目的增长，第一个也是最重要的结论就是其他恒星系统的结构与太阳系的结构存在显著的差异。

在地球上，我们对太阳系的认识逐渐深入，知道了有一些小型岩质行星围绕在太阳附近整齐而有序地运行着，在更遥远的大轨道上还散布着一些巨型气态行星。第一颗系外行星飞马座 51b 被发现，表明太阳系的行星排列方式完全不具备普遍性。其中有一个被称为“热木星”的例子，一颗巨型气态行星始终在绕着一个极小的轨道运行，不知何故。这种在小轨道上运行的大行星很容易被基于反射运动原理的探测器捕捉到，因此很快很多这样的“热木星”被添加到了系外行星的名单中。同时，人们还发现，在许多恒星系统中，木星般大小的行星却在一些如地球运行轨道大小的轨道上运行，而不是在离它们的主恒星更远的轨道上运行。

慢慢地，在其主恒星附近的其他类型的行星也陆续被发现，比如“热海王星”，甚至是“热地球”。内部由岩石构成的行星和由气体聚集而形成的巨型行星显然并不是大自然设计其行星家族仅有的方式。“热木星”不过是“怪异”的恒星系统中最具戏剧性的一个例子，此外还有许多其他令人惊奇的发现，比如只拥有一些较小的岩质行星的恒星系统，按照我们的标准来看，它们实在太奇怪了。

“其中一个令人惊愕的发现就是所谓的‘紧凑重叠’，”巴塔利亚说，“在这些恒星系统中有一批小行星彼此非常接近，堆挤在一起。”[23]在我们的太阳系中，地球和金星是最近的邻居，但彼此相距有4000万千米。这就是为什么我们需要飞好几个月才能到达其他行星。但是，在多行星系统开普勒42中，有3颗行星的轨道非常紧凑地挨在一起。这些行星之间的距离仅是金星和地球间距离的1/100[24]。假如你生活在开普勒42恒星系统中的一颗行星上，那么乘坐1969年送我们去月球的那种宇宙飞船，你在短短几天内就能到达你的邻居星球。

行星系统的结构并不是唯一令人惊愕的地方。“我们在外太空中发现了整整一类行星，它们甚至没有出现在我们的太阳系中。”巴塔利亚说。在围绕太阳运行的行星中，没有质量介于地球和海王星之间的行星，海王星的质量可是地球的17倍。这是一个相当大的缺口，因为地球是一颗岩质行星，而海王星则是由气体和冰组成的巨大的混合体（“冰巨人”）。换句话说，地球和海王星是截然不同的两类行星。但随着系外行星研究的日渐成熟，天文学家很快就发现了很多行星，它们的质量正好介于地球体积的 1 倍和 17 倍之间。他们把这些新行星称为“超级地球”，同时很快发现这种在太阳系中完全看不到的新型行星却可能是宇宙中最常见的行星[25]。

“我们甚至不了解这些行星长什么样子，”巴塔利亚说，“有些可能是岩质行星，但有些可能是拥有深海并被厚厚的水蒸气包裹的水行星。其他一些行星可能是岩石、冰和气体的混合体，什么可能性都存在。”

除了具有普遍性的一些发现之外，还有些令人难以置信的特例。例如，“超级土星”J1407B 距离地球 434 光年，围绕在这个气态巨人外围的一个光环比围绕着土星的隐形光环要宽 200 倍[26]。巨蟹座 55e 距离我们 40 光年，它的直径只有地球的两倍，但它的质量比地球大了几乎 8 倍[27]。还有一颗叫作 WASP-12b 的行星不容错过，这是一颗“热木星”，其表面温度接近 2260 摄氏度，是有史以来发现的最热的系外行星之一。天文学家可以看到在行星 WASP-12b 周围有一条痕迹，那是它不断向外蒸发的气流留下的[28]。

不过，总而言之，这些“热木星”“超级土星”“超级地球”都不算是最重要的东西。系外行星革命对我们来说如此重要的原因是数据本身。在公历纪元进入第二个千年的第二个 10 年后，人类终于在非常真实的意义上了解到我们并不孤单。外星系里存在着其他世界。同样重要的是，随着行星普查档案的全面建立，现在德雷克公式的前 3 个因子已经完全为人所知。有了这一进展，我们不仅可以从全新的视角来看待有关行星的问题，而且可以重新考虑有关人类文明之外的文明。

德雷克和系外行星革命

德雷克公式中的第一个参数指的是每年恒星形成的数量（N_*）。自

20世纪50年代后期以来，人们已经精确地了解了这一点，后来的研究只是对这个值（每年大约产生一颗新恒星）进行改进[29]。但是当德雷克在1961年第一次列出这个公式时，大家对第二个参数（即拥有行星的恒星的比例，f_p）和第三个参数（即恒星宜居带中行星的比例，n_p）还在随意的猜测中。到2014年，随着开普勒项目和其他系外行星研究项目的开展，科学家手头掌握了足够多的具有统计学意义的数据，可以用来测算这两个参数的值。

这一进展的意义非同凡响，足以改变我们对夜空的感受。让我们先来看看带有行星的恒星的比例。请记住，在20世纪早期，天文学家认为行星的形成是一种罕见的事件，这意味着恒星中拥有行星的比例非常低。但到了2014年，大家认为f_p值约为1[30]。也就是说，你在夜空中看到的每颗恒星都至少拥有一颗行星。

下次在某个夜晚凝望着点点星光的时候，你不妨花一点时间思考一下这个结论意味着什么。你所看到的每一颗恒星都至少拥有一颗行星，而且大多数恒星拥有一颗以上的行星。太阳系只是一个普通的恒星系统，并不是什么特例，这样的恒星系统在宇宙中到处都是。

对于宜居带内绕着恒星运转的行星的平均数量，开普勒项目的开展也让天文学家得到了一个确定的回答。请记住，宜居带或“古迪洛克带”（“金发少女区”）是一个围绕着恒星的环形区域，这个区域内的行星表面有可能存在液态水。这意味着恒星宜居带中的任意一颗行星都可能是一个充满雨水、河流和海洋的世界——一个潜在的能维持生命的世界。目前在太阳的宜居带中有两颗这样的行星——地球和火星，在这两颗行星的表面上都曾有水汇集成河。

根据系外行星的数据，天文学家现在可以非常确定地说，每5颗恒星中就有一颗具备了我们所知的孕育生命所需的环境条件[31]。所以，当你站在夜空下随意地选择 5 颗恒星时，很有可能其中一颗恒星的宜居带中就有这么一颗行星，其表面流淌着液态水，生命也已然存在。

确定这两个参数值的重要性不容小觑。通过整整一代天文学家的艰苦努力，德雷克公式中已知的参数数量增加了 200%。过去漆黑一片的地带，现在有了光明；原来懵懂无知的状态，现在变为已知。

是的，外太空可能已经存在着外星人

假如我们能够得到一些确切的数字，知道已经演化出掌握技术和创建文明的物种的星球存在的概率，那么这又意味着什么呢？目前我们依然没有任何证据能够证明存在着这样的文明。有没有办法利用系外行星革命所取得的成就来解释一些或者任何有关外星文明的问题呢？伍迪・沙利文和我在 2015 年初所承担的任务便是尝试回答这个问题。

我第一次见到伍迪・沙利文是在 20 世纪 80 年代末，当时我是华盛顿大学的一名物理学研究生。他身材高大，富有幽默感，热衷于研究日晷和棒球运动（特别是西雅图水手队）。最重要的是，伍迪是一名射电天文学家，一直对 SETI 抱有兴趣。当我还是一名研究生时，他是华盛顿大学的教员中唯一研究外星文明的人。这早在美国国家航空航天局开始为天体生物学研究提供大笔资金之前，而系外行星革命还要过 10 年才会开始。20 世纪 80 年代，SETI 和天体生物学对于许多人来说还过于超前。但伍迪并不在乎，他抱有浓厚的兴趣，认为在这个方向上可以开展很多科学研究工作。所以，他坚持了下去，撰写了许多关于这个主题的重要论文。

我曾经在伍迪开设的一门叫“生活在宇宙中”的课程中担任他的助手。这门课程的内容包罗万象，从物理学原理的本质到对其他星球上存在生命的可能性的展望。伍迪的思路开阔，富有想象力。我很高兴能够参与到这门课程中去。这门课程开拓了我的视野，塑造了我随后十几年的思考方式。这也是伍迪和我第一次开始讨论外星文明。从那时起，这样的谈话一直在进行，甚至在我正式从事天体生物学研究之前。

2014年，伍迪和我开始思索，是否可以利用新的系外行星数据来推断出有关其他星球上的技术文明的明确结论。自第一次发现系外行星以来所取得的惊人进展一定对某些理论研究有帮助。难道没有办法用它们来回答德雷克问题中的关于人类在宇宙中的独特性这一原始问题吗？我们很快看到有一条出路摆在自己面前，但是要选择这条道路，我们就必须再回过头来谈谈德雷克。

德雷克根据一个简单问题创立了他那著名的公式：现在存在着多少外星文明？他之所以聚焦在这一点上，是因为他真正关心的是寻找来自外星文明的信号。如果他的方程有意义的话，那么外星人现在（相对而言）就在外太空中发射无线电信号。但为了能够取得伍迪和我感兴趣的那种进展，我们意识到必须改变这个关注点。我们必须去问一个不同的问题——一个可以通过系外行星数据来回答的问题。我们的新问题只是略有不同，不过对于结果而言，这一微小的改变则意义非凡。我们的问题是：在整个宇宙历史中曾经存在过多少外星文明？

这种方法给我们提供了一个策略，可以获得有关地外文明存在的经验性数字。首先，我们将德雷克公式中的所有天文学术语合并为一个。这很简单，因为它们都已经为大家所知。然后我们开始以不同的方式思考德雷克公式中有关生命的3个未知概率（f_l、f_i和f_c）。我们并不是要分别回答这些问题，而是将它们全部集中在一起。我们感兴趣的是整个过程，从生命起源一直到先进文明。我们采用了一个新的术语“生物技术概率”（f_{bt}），它是将德雷克公式中所有常用的以生命为中心的因子进行相乘后所得出的乘积，用数学语言表示就是：

$$f_{bt}=f_l f_i f_c$$

最后，通过询问曾经存在的外星文明的数量，而不是把兴趣限定在现存的文明上，我们就将文明的平均寿命排除在问题之外。我们并不关心外星文明是否在时间上与我们自己的文明有重叠，这个问题并不重要。我们只需关心它们是不是在宇宙历史的某个时刻存在过。实际上，这让我们可以忽略德雷克公式中的最后一个因子——棘手的文明寿命。

我们的方法提供了一个看起来更简单的新版德雷克公式：

$$A=f_a f_{bt}$$

在这个公式中，A 表示曾经存在过的文明总数。我们认为 A 代表的是“考古学”的数据，虽然它让人感觉怪异，但那恰是我们所感兴趣的地方。由于我们将整个宇宙的历史都纳入了研究框架中来，在本书中我们所要描述的大部分文明可能早已消失，但是对我们来说重要的是它们曾经在宇宙历史的某个时刻存在过。这就是我们在研究中所采取的考古学倾向。我们明白开普勒数据能够告诉我们的是曾经发生过的事情，而不是现在正在发生的事情。

同时，f_a 代表所有原始的跟天文学相关的参数。重要的一点是，由于那些参数都已知，因此 f_a 就成了已知参数。接下来只剩下生物技术概率（f_{bt}）。它代表所有的未知，即德雷克公式中指向生命的概率，这就是我们要去求解的参数。

通过改写德雷克公式，去掉 L，并利用新的系外行星数据，我们就能发现，将这个新公式转换成一个特定的具有科学意义的公式后，关于外星生命的概论性问题就可以进行重新设定。因此，我们提出的新问题是：宜居带内的每一颗行星上出现高技术文明的概率是多少，才会导致人类社会可能是自然界在整个宇宙历史中孕育出来的唯一智慧文明？换句话说，人类文明成为有史以来独一无二的存在的概率是多少？将系外行星数据代入其中，我们发现答案是 10^{-22}，即一百万亿亿分之一。我们把这个数字定为“悲观线”，我们将在下文解释其原因。对我来说，这个数字包含着深刻的内涵。

怎么理解“悲观线”呢？想象一下你手里有个袋子，里面装着宜居带内的所有行星。这个数字告诉我们人类是唯一创建了文明的物种，就好比你从袋子里掏出了一百万亿亿颗行星，却没有发现一颗行星上存在过文明。因为开普勒望远镜已经向我们展示了在宇宙中大概会有一百万亿亿颗位于宜居带内的行星。所以，“悲观线”真正要告诉我们的是，一个文明得以形成的可能性要有多低才会导致人类文明会成为有史以来的唯一存在。

一百万亿亿这个数字指的可是很多很多的行星，把它们全部梳理一遍后，我们依然一无所获。这个数字本身就足以让我们意识到，其实我们未必是自然界里曾经有过的唯一能够创建文明的物种。拿被雷电劈死这样的事件做一个对比，对我们大多数人来说这是不可能发生的事故。你在任何一年中被雷电劈死的概率大概是一百万分之一。但是,按照“悲观线”的概率，你被雷电劈死的概率则要比人类文明是宇宙历史中的唯一存在的概率大一亿亿倍。难道自然界会有这么坚定的反文明演化倾向吗？它不可能这么绝然。或者说，它会吗？

德雷克的问题——现在存在多少文明——依然无法得到回答。但是我们的问题——它曾经存在的可能性有多大——则是能够回答的。假如自然演化发生的概率比“悲观线”还要低，那么我们人类就是宇宙中曾经存在过的唯一能够发展技术、搜集能量的文明。但是，只要自然界中产生技术生物的概率比一百万亿亿分之一高，那么我们就不会是宇宙中的第一个文明。

我们的论文在《天体生物学》杂志上发表之后，我为《纽约时报》撰写了一篇有关我们研究结论的专栏文章。《泰晤士报》刊登了《是的，外星人确有其事》的文章。几天之后，我就收到了大量采访请求，从美国哥伦比亚广播公司这样的大型知名媒体到由热衷于研究不明飞行物的人士运营的小型网站。假如标题更接近我们的真正意思（“是的，很可能存在外星人”），这些家伙中就会有一些人不屑于联系我了。但不管怎样，我们的结果肯定会引起争议。这些批评也值得进一步仔细研究，因为正确阐释这条“悲观线”至关重要。

毕竟，我们的目标是要了解天体生物学和关于其他行星上生命的研究是如何帮助我们理解气候变化以及我们自己星球上的这个文明形态的。在这个研究过程中，“悲观线”标刻了一条关键的界线。站在这个边界上，我们或许能看到我们的文明是与恒星系统相对立的。但是，在努力实现这一目标的过程中，要真正地理解“悲观线”能为我们做些什么，我们必须首先明白它做不到的事情。

批评的声音

在针对我们的论文（《纽约时报》专栏版）的主要批评中，有一个非常直接：人类文明成为宇宙历史上唯一文明的概率太低（10^{-22}），这不能构成一个证据证明在我们之前曾经有外星文明存在过。这个批评来自《大西洋科学宣言》的作者罗斯·安德森和为《福布斯》杂志撰稿的天体物理学家伊桑·西格尔[32]。安德森和西格尔都是非常优秀的思想家，他们的批评包含了很多见解，他们的文章触及了伍迪和我正努力探索的几个关键问题的核心。最重要的是，他们的质疑使我更加认真地思考我们论文中的想法，对此我心存感激。

安德森还特别对其中的一点提出了异议，那就是我在《泰晤士报》的专栏文章中的一句话："在某个时间点上，怀疑一个先进的外星文明的存在，这种悲观论调几乎就是站在非理性的边缘。"[33]对这一句话展开批评是没错的。尽管"悲观线"设定了界限，但人类在宇宙历史上是独一无二的存在这一观点并不能说是"非理性的"。事实上，伍迪和我所能提出的唯一有根据的论据是：我们可以确切地告诉你"悲观线"在哪里。在缺乏更多数据支持的情况下，得出这样一个判定（即自然界孕育高技术文明的概率低于 10^{-22}）也是出于理性。

也有人针对计算技术文明出现概率的个别因子提出了质疑。一些人认为，产生简单生命形式的可能性太低，这使得文明将永远无法形成，或者这也是由从简单生命演化出低智慧生命的概率导致的。但是这些考虑并不会改变我们的结论。计算技术文明出现的概率 f_{bt} 并不是想掩盖这样的一个事实，即德雷克公式中每一个指向生命的参数值这么小也许是有意为之。我们并不是通过忽略指向生命的个别数值非常小的项来确立这条"悲观线"的。相反，在对德雷克公式进行修改时，我们把它们都打包在了一起。通过这种方法，我们能像制作鸡肉卷饼一样，把整个演化过程（从生物的自发演化到一个技术文明的建造）都放在一起来讨论。不管你认为其中的每一步是多么不可思议，关键都要看存在其他文明的总体概率。这就是我们必须关注的，这也是“悲观线”所要揭示的。

我们把自己的结论称为“悲观线”是有道理的。其实，有关地球以外生命的争论都是在乐观主义者和悲观主义者之间展开的。亚里士多德和伊壁鸠鲁之间针锋相对的观点可以算是这场辩论的开端，然后一直延续到 19 世纪弗拉马里翁与休厄尔的对阵，再通过德雷克公式实现了一次现代意义上的转型。此时，悲观主义者与乐观主义者之间的较量得到了量化。

自从 1961 年绿岸会议以来，很多科学家坚信外星文明是非常罕见的。然而，我们很少具体说明到底什么样的“罕见”才算有意义。捅破这层窗纱，我们将发现其实很多自称持悲观论调的人认为的“罕见”比我们的“悲观线”要乐观。这就是为什么我们不能忽略对外星文明的争论历史。

梳理一下自德雷克公式提出以来的相关争论，我们发现乐观主义者总有一条非常清晰的上限。一颗系外行星上生命演化的概率不可能高过这样的表述：这是经常发生的（这意味着将 f_l 的值设定为 1）。在德雷克公式中，其他导向生命的因子的值也是如此。你不可能将智慧生命或者高技术文明出现的概率确定为一个比 1 还大的值。要是它们的数值都确定为 1 的话，就意味着宜居带内的每一颗系外行星都会创造出生命，并继而产生一个高技术文明。

不过，对悲观主义者来说则有另外一个故事。概率到底能低到什么程度？按照德雷克公式的表述，你得要有多么悲观才算真正地对外星文明持悲观态度？这正是我和伍迪想要解答的问题。我们的答案给真正的悲观主义者也确定了一条界限。假如大自然确实存在一种反技术的倾向，也就是高技术文明出现的概率比我们的底限（一百万亿亿分之一）还要低，那么我们人类估计就是整个可观测宇宙的历史中唯一拥有高技术的文明。要真是如此的话，那么在浩瀚无垠的宇宙中，我们便真的深深地陷入了孤独之中。但是，假如演化的力量比“悲观线”高很多，那么我们人类在地球上发生的故事在过去也应该发生过。

当然，我们依然不知道大自然的真正选择是什么，但是在思考外星文明以及我们自身文明的命运时，为了了解下一步我们会变成什么样，我们可以将自己提出的这条“悲观线”和实际上已经提出的对高技术文明出现的概率持悲观主义的观点做一个比较。

悲观主义 1 号论调：恩斯特·迈尔。德国著名生物演化学家恩斯特·迈尔可谓是悲观主义者之首。迈尔是一位非常杰出的学者，在 DNA 发现之后发展起来的基因演化理论与达尔文的经典思想进行结合的工作中起到了至关重要的作用。但是关于卡尔 · 萨根对 SETI 和其他智慧生命形式的乐观态度，迈尔从未买过账。1995 年，行星领域的研究团体给了他们二人就这一话题进行交流对话的机会，让他们对对方的批判给予回应[34]。虽然迈尔从未提出高技术文明出现概率的具体估计数字，不过我们可以从他的文章中推算出一个具体的悲观值。

迈尔并未对其他行星上的生命提出质疑。关于宇宙中其他地方存在生命的概率，他写道：“即使对 SETI 持有最彻底的怀疑态度的人给出的答案也是乐观的。”因为在宇宙尘埃中我们已经找到了生命形成过程所必需的分子，所以他不得不承认在其他地方很可能存在着生命。

然而，迈尔不看好的是智慧的发展。回顾地球的历史，迈尔写道：“在地球上曾经存活过的大概 500 亿个物种中，只有一个物种获得了创建文明的智慧。”关于能够产生文明的智慧生命，迈尔写道：“在过去 1 万年间建立起来的 20 个甚至更多的文明中，只有一种文明达到了发展技术的水平，这种技术能够让他们向太空发射和接收信号。”

从迈尔的陈述中，我们就能估算出他所认为的出现高技术文明的概率会是多少。假定他认为生命的形成并不是非常难以企及的一步，那么将这个值设为 1/100，迈尔也会觉得满意。毕竟，如果什么事情在每 100 次中就会发生一次，那么这真的不能算罕见。

根据他对地球上曾出现的物种数量与只有一种智慧生命的比较，我们就可以推出，迈尔认为在任何一颗行星上拥有简单生命形态的物种中，能够演化出智慧的比例是五百亿分之一。这个数字看起来相当乐观。最后，从他对能够产生高技术的文明形态的阐述中，我们可推测他所认为的概率是 1/20。让我们索性更加悲观一点，将这个数值定为 1/100。

将所有这些数值放在一起，我们将会发现迈尔似乎想要说的是，出现技术文明的概率大概为一千万亿分之一。这个数字非常小。我们可以回忆一下，如果迈尔的这个估计是正确的，那就相当于可以从那个装有 1000 万亿颗行星的袋子中找到一个高技术文明。假如在银河系中只有 1000 亿颗恒星，那么迈尔的悲观观点意味着我们人类在银河系里是独一无二的。

不过银河系中的唯一存在和宇宙历史中的唯一存在是完全不同的两回事。将迈尔的“悲观线”和我跟伍迪演绎出来的“悲观线”进行比较，我们就会有惊人的发现。

即便文明的数量如迈尔所认为的那样稀少，在迈尔的一千万亿分之一和一百万亿亿分之一之间还是存在着一条鸿沟。为了精确起见，假如迈尔是正确的，那么在整个宇宙的时空中依然会存在着 1000 万个高技术文明，那就意味着分别有 1000 万个物种自我觉醒的故事、1000 万个不同的科学版本（搜集行星的资源并创建文明）、1000 万个不同文明的历史故事，它们会囿于自己的选择，或者得到长久的发展或毁灭。

假如让你试着去想象这些文明中的每一个的历史，给每一个文明分配 1 小时的地球时间，那么也需要耗费 1140 年的时间将它们梳理一遍。在迈尔所认为的这样一个悲观的宇宙中，可能存在的外星文明的数量大概就是这样。

悲观主义 2 号论调：布兰登·卡特。1983 年，物理学家布兰登·卡特对外星文明的观点发起了猛烈的攻击。在运用简单的观察结果就能推演出关于宇宙及我们在其中的位置这样宏大的命题的结论后，卡特在这方面享有盛誉。

他对外星文明的思考源于一个简单的观测结果，即地球上兴起智慧生命所需的时间大致接近太阳的年龄。地球适合居住的时间已长达 40 亿年之久，这种宜居性将只能继续保持约 10 亿年，因为太阳正变得越来越热。它将慢慢使得地球公转的轨道区域过热而不再宜居。因此，高技术文明（人类文明）只出现在地球接近它的生存期的尾声的时候。卡特根据这一事实指出，智慧文明必须度过一系列“艰难期”实现必要的演化，而其中每一步的跨越对文明自身来说都将变得越来越不合时宜[35]。

纵观地球演化的历史，卡特认为存在着 10 个“艰难期”。他设计了一个计算公式来预测外星文明存在的概率，这实际上是我们所说的高技术文明出现概率的另外一种叫法。卡特最后得出的值为 10^{-20}，他宣称这个值“绝对足以确定我们文明的发展阶段在可见宇宙当中是独一无二的”。

卡特计算公式的绝妙之处在于它针对技术文明的出现概率给出了一个精确值。他计算出的这个数值非常小，这无疑意味着在浩瀚的宇宙时空中，除了我们之外并无其他文明存在过。

但是，这并不是卡特的数值所揭示的真正内涵！将卡特的结果跟我和伍迪计算出的“悲观线”相比较，就会发现他在 1983 年的计算比我们的多出了 100 个外星文明。卡特本以为他的计算结果已经相当悲观了，然而事实上是乐观的。卡特最初的主张依然给我们留下了一个非同凡响的结论，即我们并不是第一个文明。假如卡特是正确的，那么宇宙历史中就有 100 个不同的文明曾经经历过我们今天所处的发展阶段。

大家务必注意的是，追随卡特思路的研究者认为目前只存在 5 个“艰难期”，假如确实存在这样一种状态的话[36]。将卡特在最初的论文中计算出的其他值结合起来综合考虑的话，出现高技术文明的概率会是 10^{-10}。和我们的“悲观线”相比，最后他计算出的结果是整个宇宙历史中有 1 万亿个外星文明。想一想 1 万亿个外星文明的存在，这绝对不能算是悲观观点。

悲观主义 3 号论调：胡伯特·尤基。当然，总有人能够找到办法为一个非常悲观的观点进行辩护。这也正是胡伯特·尤基在 1977 年的论文中所要做的尝试。尤基是一个物理学家、理论信息学家。他的主张主要围绕德雷克公式中第一个导向生命的因子——外星上形成生命的概率提出。他问道，化学元素之间的随机组合形成能够创造生命并可自我复制的分子的概率到底是多少？他的答案会让你大吃一惊，这个数字是十亿亿亿亿亿亿亿亿分之一（10^{-65}）[37]。这个数字当然比我们的“悲观线”要小得多，假如尤基正确的话，那么我们的出现就只能是宇宙历史中所出现的生命形态中绝无仅有的一次。

不过，这种极端的悲观论调在一些强烈的反对意见面前有所改观，这些针锋相对的观点认为生命的出现并非难事。这些观点的产生主要源自生物学的发展。比如，生物学家马文涛和他的同事通过计算机模拟实验发现，第一个进行自我复制的分子可能是短链核糖核酸（RNA，一种非常接近 DNA 的分子，是细胞系统不可或缺的一部分）。跟尤基的设想相比，它们的实现要容易得多[38]。很多研究者也考虑到了这样一个事实，即地球形成后没多久生命就开始出现，这意味着生命的自发出现并没有那么困难。无论如何，尤基的这个超级悲观的观点在有关外星生命的讨论中似乎也只是一个异常值。

一个跨越

“悲观线”并不是要证明在其他星球上曾经存在过其他文明，它也无助于我们去搜寻那些来自其他星球的、也许跟我们人类有所交叉的文明的信号。那么这条“悲观线”真正想要让我们说的或者做的是什么呢？

我和伍迪所做的不过是想借系外行星科学来提出一个关键的哲学命题，去挖掘实际观测的真正价值。站在宇宙的角度来思考我们的星球，思考人类世所面临的挑战，这是一种开阔的视野，跟我们此刻所采用的方式截然不同。

当德雷克公式想要跟其他文明建立联系的时候，我们的结论则非常直截了当：系外行星数据可以让我们现在就做出一个理性的判断，在我们之前曾经有过其他文明。假如你认可我们所确定的“悲观线”，认为这条线足以说明其他文明存在的可能性远比我们曾经认为的要大得多，那么我们就可以进入下一个思考阶段，想一想对外星文明进行严肃认真的思考的意义所在。当开始这样思考的时候，在人类世的挑战面前，我们才能有非凡的表现。

在我们进入下一个环节的讨论之前，请允许我首先声明一下，你大可不必迈出这一步。在宇宙历史上，人类对其他文明的存在依旧保持深深的怀疑态度，这当然是科学所无法反驳的。所以，如果你并不认为对其他文明的存在进行认真的探讨是一件有价值的事情，那么也就没有什么问题。我们对天体生物学和人类世所做的一切探索都将继续，今天我们对人类所引起的气候变化的全部理解都建立在我们通过对太阳系中其他行星的研究所获得的知识之上。而至于接下来我们人类该做什么，对这一问题的回答依然需要通过对生物圈与其他耦合系统之间漫长的共同演化历史进行研究来获得启发。我们知道我们知道什么，因为我们已经知道了像行星一样思考的意义。这意味着在地球的演化过程中存在游戏规则，包括与我们同在一起的地球。这种观点本身就削弱了气候否定论者的论点，代表了我们在理解自身及所面对的挑战的方式上有了根本性的转变。

但是，假如你愿意将“悲观线”看作宇宙向我们发出的邀请，让我们认真地思考一下其他文明的存在，那么我们就能开始追问寻找其他文明对人类来说意味着什么。此时的目的不是要将外星文明视为科幻小说的创作源泉，而是意识到我们很可能并不是第一个出现的能够创建文明的宇宙现象。

跨越整个人类历史，我们的神话故事告诉过我们是谁，我们是什么以及在整个宇宙中我们身处何方。但是这些故事忽略了一种可能性，那就是人类不过是众多文明中的一个。人类故事并没有（因为它们不能）告诉我们人类的文明只是一个行星现象，而不是独一无二的现象。这就是为什么系外行星革命和我们所获得的天体生物学知识是向我们敲响的一个警钟。或许它能成为我们即将进入的文明时代的一个部分。

宇宙中充斥着大量居于宜居带的行星，这一发现将我们在人类世所面临的挑战与费米、德雷克和萨根在50年前提出的问题联系起来。“悲观线”告诉我们宇宙中到处都存在这样的机遇，发生着地球上所发生的事情。带着这样一个信息，我们就可以开始认真地思考宇宙中曾发生的很多其他故事、很多其他历史，远远不止我们一个。这是一个契机，让我们开始将人类自身及其选择置于一个更精确、更完整的宇宙大背景中。假如我们跨出这一步，那么我们关于行星、气候以及生物圈的所有知识则同样适用于研究其他文明的相关问题，我们就能将那些外星文明作为一个客观研究对象。正是因为这样，我们将这门有关外星文明的科学（外星文明考古学的理论研究）列为我们下一步必须探索的领域。

第5章　最后一个因子

多个世界，多种命运

在进入21世纪的头20年，我们发现自己正面临着巨大的生存挑战，需要创造出一种更具可持续性的文明版本。人类实践活动的规模正使得形成地球气候条件的、紧密相关的各行星系统难以运转。当这颗行星开始进入一种全然不同的气候状态时，我们人类文明至少也会陷入巨大的生存压力中，而最糟糕的情况是地球气候的变化将最终导致人类文明的终结。

我们急需调整这个文明形态，让它能够持续更长的时间，能够在全球范围内和整体上都具有可持续性。但是，在我们开始朝这个目标努力之前，还有一个同样迫切的问题需要我们解答，而这个问题往往被低估，那就是我们是如何知道这种可能性的呢？我们又如何知道存在着像人类文明这样具备一定长期持续性的文明形态的可能性的？关于可持续性危机的大部分讨论集中在新能源战略和不同社会经济政策的预期效益上。但是我们太执着地把正在发生的事情看作一个单独的现象——一个一次性的故事，因此我们不会跳出来进行思考，非但不会询问这种更宏观的问题，甚至还会给它贴上悲观主义的标签。但是，必须注意的是我们是不是在自作聪明，自以为是地拿我们的明天作为赌注？

我们要非常清楚地意识到这个问题意味着什么。或许创造出像我们这样能长期延续的文明形态并非这个宇宙所为；或许即便我们穿越整个宇宙时空，踏遍了围绕恒星运转的每一个行星角落，也无法找到答案；或许每一个像我们这样的技术文明在浩瀚的星空中都只不过像一道划过的闪电，耀眼的光芒照亮了宇宙几百年甚至几千年，接着便慢慢地消失在黑暗之中。

这个问题直指费米悖论。今天我们所面临的瓶颈也许能够解释大寂静。我们的问题针对的是德雷克公式中的最后一个因子——文明的平均寿命。即使宇宙中围绕着恒星运转的每一颗行星都能演化出文明，但这些文明依然很可能不能维系很长的时间。这种命运是普遍的，也正因为如此，我们发现自己的文明未来危机重重，不容乐观。

因此，是否有人能够战胜我们今天所面临的挑战呢？

这个问题的关键点在于处在人类世的天文生物到底产生了什么样的作用。外星文明“悲观线”说明，在我们之前一定有过其他文明，除非宇宙本身具有明显的反文明倾向，不允许文明出现和演化。那些文明各有自身的发展轨迹，慢慢成长并影响其所在的行星。而那些发展轨迹正是我们想要了解的。假设我们已经了解了行星及其气候，那么就有充分的理由去争辩，很多行星一旦演化出一个年轻的能量消耗型文明，就会进入人类世这样的阶段。如果已经有外星文明存在于我们之前，那么就足以让我们学会如何“像行星一样思考”，去了解能够导致人类世出现的条件到底是普遍性的还是罕见的。那么，利用我们已知的科学知识，从我们对行星的观测中，怎样去开创一门目前还没有的星际文明演化学科呢？

外星文明学科研究的禁忌

克林贡人、火神、不明飞行物、长着大脑袋的外星人，这些正是你想要避免的。科幻小说已经让我们对外星物种的外貌有了一个刻板的印象，他们大部分看起来跟我们差不多，但长着不同的前额或耳朵，或者手指的数量跟我们的不同。

而在发展外星文明科学时，我们对外星人长得像什么以及他们如何行动等并不感兴趣。我们要避免涉及他们的生物属性和社会属性，因为没有足够的信息让我们从事这些问题的研究。

然而，科学能告诉我们些什么呢？德雷克公式中有 3 个要素是针对技术文明形成的可能性的，它们是基础生物学（生命的起源）、演化生物学（智慧的产生）和社会学（社会的发展）。当涉及其他行星上可能发生的事情时，这 3 个要素中的每一个都会让我们感到迷茫。但是假如我们提出了一个恰当的问题，这些学科中依然有一些原理可以用来约束我们的理论探索。这些约束就像保龄球轨道一样，引导我们的理论探索直达目标。

举例来说，从事生命科学的基础研究时，我们不得不借助化学知识。而我们已经知晓在遥远的宇宙空间内，化学反应就像在地球上一样进行着。从对星云、行星吸积盘乃至系外行星大气层的观测来看，我们发现那里的物理和化学作用与在地球上的别无二致。因此，不管其他星球的生命对我们来说是如何不可思议，它们的产生依然遵循和地球上一样的物理和化学规律。以这种宇宙一致性为基础，科学家已经探索出生物化学的其他可能形态[1]。还有人研究在不同“阳光”的照射下，其他行星上的光合作用是如何影响植物生长的[2]。

然而提到智慧的产生这个问题时，一切就变得不确定了。那是因为智慧的发展需要太多的步骤。更困难的是，我们并不知道这些步骤中的哪些是必不可少的以及哪些具有独特性，最终导致了地球上智慧物种的出现。然而，在解答智慧演化这一问题时，我们至少要有一项基本准则能够被认为对所有行星来说都是普遍适用的。达尔文进化论的伟大之处就在于它的普适性。达尔文假设地球上的所有物种都经历过同样的简单演化过程：突变、适应以及适者生存。简而言之，最能适应环境的有机体将在竞争中存活下来。从最初的能够自我复制的分子到现在完整的生物有机体，这一原则适用于所有生命形态。如果我们能够制造出来的话，未来能够自我复制的机器人甚至也适用于这一原则。

而当我们准备去研究其他星球上的生物演化问题时，尤其是从全球的角度来考察其生物圈时，这种类似进化论的原则非常有用。在探讨人口增长和物种竞争问题，思考它们可能产生的结果时，达尔文的进化论给我们提供了一定的依据。

但社会科学和文明形态的形成似乎又完全是另外一回事。我们无法设定今天我们所能把握的社会真相具有超越时空的确定性。其他文明形态也有政党吗？他们也信仰上帝吗？我们可以去描述一种外星文明会是什么样的，但是我们的描述终究只是一个故事而已。在此我还要特别提及有关伦理、经济和信仰的问题。比如，他们的风俗习惯是更偏向利他而非冲突，还是更偏向冲突而非利他？或者他们的文明中是否出现过这样的一些概念？

在社会学领域里，我们很难发现像物理和化学那样的基本定律以及像达尔文进化论那样具有普适性的理论，能够让我们创建出一门类似外星经济学这样的学科来。我认为在社会学领域里根本不存在这样的具有普适性的原则。

所以，当我们目前想要创建一门研究外星文明的学科时，能够让我们着手研究并具有实际意义的问题将非常有限。我们要避免去编写科幻小说，这意味着不要猜测哪些文明是好战的，而哪些又是爱好和平的，或者哪些文明专注于建设帝国，而哪些文明又希望安居乐业。想要回答这些二元论问题，基本上是徒劳。把我们在已知世界中积累的知识延伸到未知世界所需要的理论必须建立在自然界可能的界限内，不管我们想要拓展到多远，我们都需要以此作为立足点。一直以来，我们都将研究限定在行星物理学、化学（如气候学）以及生物学中能够进行理性分析的部分领域。在外星文明科学的发展中，我们要极力避免有关文化的研究，这对创建人类世的天体生物学来说是一个挑战。

当然，这一策略将很多人急于想要知道的有关外星文明的大量问题都剔除在外。比如，外星人长什么样子？他们有 2 种还是 23 种性别？他们的社会是建立在理性基础之上还是爱的基础之上？他们是乐于和谈的人士还是好战分子？他们长得像我们吗？假如这些都是你想要知道的问题，那么我只好抱歉地告诉你，非常不幸，回答这些问题远远超出了我们现有的科学理论所能够企及的范围。

不过，在这些问题中，有一类问题是我们的外星文明科学可以直接回答的。我们通过卡尔・萨根、杰克・詹姆斯、琳恩・马古利斯、詹姆斯·洛夫洛克以及其他人士的努力，已经掌握了一些有关行星的法则。遵照这些法则，我们就可以提出这个对我们的文明形态来说至关重要的问题：人类世的普遍性有多大？一个文明形态能够激发其所在星球的气候发生变化的概率又是多大？而至关重要的问题是，一个文明能够跨越人类历史上这样的瓶颈的难度是多大？

捕食者和被捕食者

8000年以来，亚得里亚海一直养育着意大利东部海岸的居民。从北部的威尼斯到南部的布林迪西，温暖的海水为一代代渔民提供生计。在亚得里亚海，游弋着450多种鱼类，其中很多成了意大利人餐桌上的食物[3]。而来自餐桌上的需求源源不断，人类中的渔民成了亚得里亚海上的头号捕食者。由于过度捕猎，海洋中的很多物种目前正濒临灭绝。

但是，在亚得里亚海，船桨的击打和发动机的轰鸣声在历史长河中也并不是一成不变的。战争会降低捕鱼的频率，在海域中穿梭的战舰使得捕鱼比平常更加危险。在第一次世界大战期间，亚得里亚海成了战场。海军机械化带来了新的效率，使得敌军的航行能力大大增强，亚得里亚海上商业性的捕鱼活动几乎停滞。

渔业停歇却给科学研究带来了一个意想不到的机会。这片海域逐渐得以形成天堂般的景色，颠覆了生物学家原来对物种数量、生态及其工作机制的认知。

在第一次世界大战结束后的几年时间里，一位名叫翁贝托·德安科纳的年轻海洋生物学家专注于一项有关海洋中鱼类数量及其演化的研究。经过长期勤奋的工作，德安科纳穿过意大利境内的亚得里亚海岸线，搜集到了里雅斯特、里耶卡和威尼斯这些城市里鱼类的销售数据。这些数据是从 1910 年到 1923 年的，涵盖了战争年代。在仔细分析这些数据时，德安科纳发现了一些有悖常理的情况。

在战争期间，当捕鱼活动减少时，像鲨鱼这样的捕食者的数量似乎在增加。假如像鲭鱼这样的捕食对象的数量也在攀升的话，则也合乎情理，德安科纳原本也是这么估计的。更多的食物意味着更多的捕食者。但是被捕食的鱼类的数量在战争期间不但没有增加，反而减少了。摆在德安科纳面前的统计数字告诉他更少的捕鱼活动会导致被捕食的鱼类减少，捕食者增加。这位年轻的科学家对这个悖论百思不得其解。在绝望之余，他向伟大的数学家、物理学家维多·伏尔特拉请教这一生物学难题，而这位科学家竟然出乎意料地给予了指导[4]。

伏尔特拉是一位善于解决物理难题的知名人物。他的研究涵盖从天体运动到流体运动的所有方面[5]。但是，伏尔特拉的声望并不是德安科纳向他请教生物学问题的主要原因。德安科纳当时娶了这位教授的女儿路易莎·伏尔特拉。她也是一位科学家，主要从事生态学研究，即有关物种数量和环境的生物学研究。

当伏尔特拉接手这个问题的时候，最早用于物理学研究的那种数学模型还没有进入生物学家的视野之中。生物学家当然也需要进行统计分析，但是模型化则是另外一回事，首先要建立理论框架。需要先确立一个有关世界运行方式的理论假说，然后将那些假设条件转换为数学公式，而这些公式便是科学家称为模型的东西。

正如我们在建立地球和火星的气候模型时所看到的，建立一个数学模型时至关重要的一步就是公式的演算。这些公式阐释的是这颗星球长期的行为模式，其实它们就是一种预测。因此，不管伏尔特拉想到用什么样的公式来解决德安科纳的这个有关鱼类数量的难题，都需要预测捕食者和被捕食者的数量如何随时间发生变化。

自从牛顿在 17 世纪后期提出他的机械运动定律之后，物理学家就一直热衷于建立数学模型，使得物理学研究越来越倚重理论。但是 20 世纪早期的生物学家则以一种不同的方式看待自己的研究。这种线性演算的物理模型似乎无法很好地阐释生命系统的复杂性和交互性。一条简单的食物链甚至单细胞生物的复杂性并不亚于行星的运行轨迹，天文学家也会因此而汗颜。对生物学家来说，实地研究总是处在先导地位[6]。

等到伏尔特拉帮女婿解决难题的时候，情形却发生了变化，一场学术运动以数学模型的形式将理论研究带入了生物学领域。其实当 18 世纪布鲁塞尔的皮埃尔・韦吕勒宣称他发现了生物数量定律的时候，这场运动便已开始[7]。举例来说，假设少量细菌被引入一个池塘，它们的数量会迅速增加，一个细胞会分裂为两个“子”细胞，这两个“子”细胞会继续分裂为 4 个“孙”细胞。这个分裂过程持续进行下去，就会产生 8 个、16 个直至更多的细胞，很快细菌的数量就会直线上升。不过，这个过程并不会永远持续下去。食物和空间的限制使得细菌的数量只能达到环境所能承受的某个水平。这个限制被称为环境承受量。物种的数量总是先少量地出现，然后迅速攀升，最后在环境承受量那个极点稳定下来。

一个世纪后，伏尔特拉（以及其他人）通过建立今天已经为众人所知的经典的捕食–被捕食模型进一步推动了理论生物学的研究进程[8]。他们提出了两个方程。一个方程测量被捕食者的数量，这有点类似于丛林中兔子的数量。第二个方程追踪的是捕食者的数量，同样我们也可以把这个数量看作丛林中狼的数量。建模者需要注意的重要的一点就是这两个数量是有关联性的。狼吃兔子，就会改变兔子的数量。但是狼吃了兔子以后就会加速繁殖，狼群数量便会增加。所以，兔子的数量也就影响到了狼的数量。在这些相互关联的公式里，有一段（或者一个符号）专门描述被狼吃掉的兔子的数量变化，另一部分描述吃兔子的狼所繁殖的小狼的数量变化。

用数学语言来表示，捕食者（狼）和被捕食者（兔子）的数量是一对关联数据，彼此相互影响。这两个方程必须一起解答才行。从技术的角度来看，这使得问题变得更加棘手。伏尔特拉将这个方程推演出来，结果显示狼和兔子的数量经历了由多到少再由少到多的循环变化。然而，真正让人吃惊的是这些变化出现的时间。

在一个兔子和狼的初始数量都很少的环境中，这个数学模型预测，一开始只有被捕食者的数量会迅速增加，也就是兔子开始大量繁殖，它们的数量迅速增加，狼的数量要等到兔子数量多到能够轻易捕获后才会开始增加。

随着狼的数量增加所带来的影响慢慢发酵，兔子的数量就达到了一个峰值。随后，兔子的数量减少，它们开始变得稀有。不过，狼群需要一段时间才能感受到这个变化。只有在此之后，狼的数量才会达到峰值，然后开始减少。当狼的数量少到足以让兔子的繁殖重新得以恢复时，便进入新的一轮循环中。

在战争期间，德安科纳所发现的正是鲨鱼（捕食者）的数量还处在上升期，而鲭鱼（被捕食者）的数量已经达到高峰，开始减少。伏尔特拉模型预测在两个种群数量的峰值之间存在一定的时间间隔，因此它也就解释了为什么鲨鱼的数量在增加，而鲭鱼的数量在减少。这样，伏尔特拉的理论（即他的数学模型）让德安科纳悖论迎刃而解[9]。这个理论揭示了捕食者和被捕食者相互作用的基本生物学原理。

伏尔特拉与其他理论开拓者的研究开辟了理论生物学这一新的领域。在这里，理论所指的并不是猜想，就像一个侦探设想谁是罪犯那样。在科学领域里，理论指的是建立在数学基础上并由实践证实的一个知识体系。由伏尔特拉和其他人创建的生物种群理论（也称生态种群理论）具有广泛的适用性，可用它来解答问题的领域持续扩大。今天，从疾病的传播到入侵物种的繁殖，种群生物学家、生态学家及相关领域的科学家都在运用数学模型研究这些问题[10]。渐渐地，人们还意识到他们的这种方法也能用于研究人类文明。

复活节岛

复活节岛是一个远离尘嚣的地方，距离智利西海岸 3600 千米，距离夏威夷东南海岸 6000 多千米。它就像一个与世隔绝的前哨，被无边无际的大海所环绕。富有经验的波西米亚水手在几千年前驾驶着长长的独木舟在太平洋上驰骋的时候也没有抵达过复活节岛，一直到大概公元 400 年左右。他们抵达复活节岛时，发现这里的土地肥沃，植物茂盛，生活着各种动物。这是一个最终以毁灭为结局的故事的开端。

1722 年的复活节，当荷兰探险家发现复活节岛时，他们看到的是一块“上面居住着几千人的贫瘠土地，他们的生活困苦不堪，争夺着贫乏的资源”[11]。这个岛荒凉不堪，地上覆盖着稀疏的灌木丛。然而，岛上的巨大石像却在讲述着一个截然不同的过去。很多石像高达 10 米，重达 50 多吨。这些石像神情严肃。复活节岛上曾经有过光辉灿烂的文明，人口数量最多时可能超过 1 万[12]。在荷兰人到来之前，无论它曾有过什么样的文明，显然都已经具备了先进的技术水平，能够将位于复活节岛中心的火山上的岩石通过几千米崎岖不平的道路运送出来，再雕刻成石像。

复活节岛之谜激发了好几代作家和科学家的研究兴趣。埃里希·冯·德尼肯的《众神的战车》曾是最畅销的图书，在书中他指出外星文明是唯一的解释[13]。他问道，在岛上没有树木用来做轮子的条件下，岛上的居民如何搬运那些巨大无比的石像呢？不过，并不需要遥远的外星人来回答这个问题。复活节岛之谜的答案实际上要简单得多，不过也更令人沮丧。

岛上没有树是因为岛民将它们砍掉了，用于建造和运输那些巨大的石像。就在他们开始毁灭森林时，他们的文明也走上了一条螺旋下降直至毁灭的不归路。

不过，虽然人们对于复活节岛文明衰退的具体原因还存有争议，但岛民自身活动导致的环境恶化显然起到了至关重要的作用。复活节岛给我们提供了一个实实在在的教训，反映了毫无节制地利用环境资源对一个孤立的、宜居的自然环境的影响，而当前地球上的状况显然也是如此。

在2007年度的畅销书《崩溃》中，人类学家贾雷德·戴蒙德也揭示了两者的关系[14]。他在书中探讨了一些达到顶峰后突然消失了的人类文明的发展轨迹。戴蒙德所举的例子包括美国西南部的阿纳萨齐文明、玛雅文明和格陵兰岛上的北欧殖民地文明。它们中的每一个都属于文明的发展超越了环境承受能力的情况。随着人们日益善于从周边环境中攫取资源，人口不断增长。最终，增长的极限被打破。在突破这些限制后不久，这些文明都崩溃了。复活节岛是戴蒙德所讲述的故事中的一个典型。

当戴蒙德将环境崩溃的历史往事带入公众的视野时，科学家已经开始对复活节岛文明的衰落进行数学建模。利用由伏尔特拉等人建立的生物种群模型，这些研究人员设计了方程，用来探索岛上文明从繁荣昌盛到崩溃的轨迹。

1995 年，环境经济学家詹姆斯·A. 布兰德和 M. 斯科特·泰勒发表了一篇论文[15]，他们提出了两个方程。第一个方程描述岛上人口数量随着时间推移的变化，第二个方程描述岛上可用资源随着时间推移的变化。正如伏尔特拉的模型一样，这两个方程是相互关联的。随着居民利用岛上的资源来获取食物和发展技术，人口数量不断增加。这些资源和树木一样，也是可以再生的，即使它们被岛民砍伐殆尽，这些方程显示它们也可以按照自然速率得以恢复。当布兰德与泰勒在人口数量和岛上资源的耦合轨迹线上解他们的这个方程组时，他们的模型精确地揭示了岛民的命运。

随着人口的增长，资源供给无法满足人们的需求。过度开采减少了可用资源的数量，最终岛民数量也随着资源的减少而减少。在公元 1200 年左右达到顶峰后，复活节岛上的人口逐渐减少，等到荷兰人到来时只剩下几千人。这个数学模型准确地捕捉到了这一历史发展的总体趋势。

其他研究人员紧随布兰德和泰勒的研究步伐，他们改变模型中的假设条件，增加了新的变量或者改变了变量的形式，以此来反映不同类型的相互作用。比尔·贝森纳和戴维·S. 罗斯在 2005 年的一项研究中对这个问题提出了稍有不同的看法[16]。他们认为，该岛对人类和岛上的生物资源（如树木和动物）都具备一定的承受能力。在他们的模型中，他们又明确了人口的承受能力依赖资源的承受能力。随着可用资源的减少，该岛承载人口的能力也将下降。当贝森纳和罗斯解答关于复活节岛故事的这些新方程时，他们看到了一些与布兰德和泰勒的渐进退化论所不同的东西。人口数量达到顶峰后就会像石头坠落般快速减少——这是一场真正的崩溃。

有关复活节岛的历史每年都有新的研究成果出现，还有许多尚未得到解答的问题需要研究人员去探索。在荷兰人到达之前有关该岛的信息依然等待人们去解读，但是岛民的命运似乎已经在这个模型中得到了很好的呈现。

这一理论的成功向我们指明了一条路径，可以用来思考在适当的宇宙背景下我们自己行星的命运。一个孤立岛屿上的生态系统和居民所经历的故事同样可能在一颗飘浮在太空中的孤独行星上上演。

外星文明考古学理论

1959 年，卡尔·萨根利用温室效应（一个 60 年前用来研究地球的理论）研究遥远的金星。1983 年，詹姆斯·普莱克和他的合作者提出了详细的数学模型来研究遥远的火星上的沙尘暴，以及核战争之后地球上气候的变化。当前正处在系外行星研究的浪潮中，天文学家利用从对金星、火星以及地球的研究中所获得的知识来对围绕着遥远的恒星旋转的行星的宜居性进行分析。

在过去的 50 年中，将行星作为一个普通的宇宙现象，我们关于它的知识有了爆炸式的增长。而这些来自不同星球的信息又反过来加深了我们对地球的理解，接着又帮助我们去了解其他星球，无论是站在这些星球的角度还是站在与我们的地球相关的角度。这种交互作用如此强大，科学家正在为系外行星上可能存在的生物圈建立详细的数学模型。等到即将问世的新型望远镜给我们研究系外行星大气层提供一种新的视角时，这些数学模型将发挥作用。

但是，假如我们已经在为能孕育生命的系外行星建立理论模型，为什么不能对能够孕育文明的行星做同样的研究呢？只要我们提出问题的方向正确，就没有什么能够阻挡我们探索的脚步。我们现在就可以开始着手进行研究。秉承伏尔特拉及其同人的精神，利用种群生态学将对行星的已有认知整合起来，我们就能站在整个宇宙的视角为探索文明与行星之间交互作用的轨迹迈出第一步。

我们可以将这项事业称为外星文明考古学的理论研究[17]。我们关于外星文明的所有研究都只是理论性的，因为我们没有相关信息，研究方法也是从生命学和环境学最基本的思想出发，就像伏尔特拉设计他的捕食 - 被捕食模型那样。对于外星文明可能拥有的历史，我们想知道物理学、化学和种群生态学能告诉我们些什么。外星文明考古学理论研究的目的就是要去看看到底发生了什么，由此我们也就能更好地面对未来所要发生的情况。

外星文明考古学理论研究听起来既雄心勃勃，又有点匪夷所思，但我们依然可以将这一设想落到实处。

第一步：其他文明，其他历史。正如“悲观线”所强调的，除非宇宙中真的存在一条对抗文明的强势演化法则，否则人类社会绝对不是第一个文明。假如我们愿意认真思考一下其他文明存在的可能性问题，那么我们就能意识到每一个文明在与其所在星球的交互作用中都有各自的历史。

第二步：一切都与平均值有关。我们确实对德雷克方程中的最后一个因子很感兴趣：一个技术文明的平均寿命是多少？这意味着单一的理论模型演算结果无法告诉我们太多的东西。我们所需要的是对大量的外星文明进行建模,对它们产生的数据进行统计分析。幸亏有了“悲观线”，我们才知道那意味着什么。

不管研究什么，科学家一般都喜欢得到1000条以上数据的支持。拥有了这么大的数据量以后，像平均值这样的数字就很容易得出来。只要在自然选择中技术生物存在的可能性比“悲观线”的估计大1000倍，那么在宇宙时空中就会有1000多个外星文明曾经存在过。即便按照“悲观线”最保守的估计，我们假设有1000多个文明已经消亡了也不为过。这就是一千亿亿分之一的比例（10^{-19}），不过这个数字依然要比历史上最悲观的估计小得多。

第三步：没有免费的午餐。此时，我们进入了天体生物学领域，在这里行星学和气候学研究要大显身手。公众在探讨可持续性问题时，将关注点放在将我们的文明发展所依赖的能源由石油转为其他对地球影响更小的能源上。这个目标本身并没有错，但是公众在辩论中经常把“更小的影响”与“零影响”混为一谈。

假如我们站在天体生物学的视角，开始像一颗行星那样思考的话，我们就能明白其实根本没有所谓零影响的东西。文明的建立需要开采能源，并利用这些能源从事活动。这些活动涵盖建造房屋、运送资源以及开采更多的能源等所有的实践活动。

在没有技术的条件下，每一个人每天都会获得一个人力所能及的能量。但是，通过技术我们可以肆意地消耗能源。对于美国人在家庭生活中所消耗的能源来说，平均每个人所需要的能源相当于50个原始人所消耗的能源[18]。假如再加上开车、乘飞机等所需的能源，那么美国人平均所消耗的能源则要更多。由于我们是从物理学的角度来衡量的，我们所确定的是任何一个建立文明的物种都需要消耗能源。一个技术文明的整个创建过程其实就是从周围环境（即所在星球）中攫取能源的活动。

所以，我们无法根据自己的兴趣去创建一个高能耗水平的全球性文明而不给地球造成任何影响。实际上，有影响才符合物理法则。准确来说，这里所说的法则就是热力学第二定律。

热力学第二定律告诉我们能量并不能全部转换为有用功，总会有些损耗。因此，对于在星球上创建文明的任何一个物种来说，不管利用什么形式的能量，都必定会产生废弃物。这些废弃物积累起来就会对行星系统产生副作用。从这个角度来看，我们燃烧石油所产生的二氧化碳便可视为我们在文明创建过程中产生的一种副产品。不过，这个副产品有很多种形态，每一种形态都会对这颗行星产生影响。大气层、海洋、冰川和陆地的状态也会随着它的累积而发生变化。这就是关于气候变化与人类世关系的一个真实的科学故事。

此时，你或许会想到这样的辩解：那些比我们更为先进的文明会找到跟热力学第二定律有关的出路。然而，绝大多数物理学家会告诉你：“那就太走运了。”热力学第二定律是宇宙运行的基本法则，要想避开这一法则基本上是不可能的。

但是，一个高度发达的文明或许会具备的能力对我们的理论考古研究项目来说确实是一个至关重要的问题。实际上，这个问题如此重要，以至于我们在外星文明考古学研究中非常明确地规定要避免对其进行无端猜测。这会引发下一个问题。

第四步：拥有有限资源的行星。在外星文明考古学研究中，我们将目标明确地锁定在年轻的技术文明上，也就是指处在我们当前发展阶段的文明。之所以这样确定缘于两个原因。首先，这个项目的总体设想是通过将我们的文明目前所面临的困境视为宇宙中存在的一种普遍而又平常的现象，看看我们能否从中学习到什么。假如我们拥有曲速传动等超级技术，人类在人类世所面临的挑战将不会如此严峻和生死攸关。对人类自身命运的了解是我们将研究目标锁定在年轻文明上的一个重要原因。不过，把目标锁定在年轻文明形态上，对赋予这项研究以科学性的限定也是非常必要的。

技术水平是我们研究外星文明（或者说我们自身遥远的未来）最大的阻碍之一。我们如何预测一个拥有百万年历史的文明形态会发展出什么样的技术呢？成熟的科学或许已经从稀薄的空气中找到了新的能量形式。我们建立的外星文明理论模型能应用于那些我们还未发现的能源吗？答案显然是不能。不过值得庆幸的是，这并不是必需的。

技术的发展过程就像爬楼梯。在知道如何制造铁刀之前，你是无法制造出一把钢刀的。一个文明在最初阶段不具备制造现代风力发电机所需的合金零部件的能力。每一个文明都必须沿着技术复杂性的路径向前发展，这就是被揭示出来的这个文明所处的世界的物理和化学规律。

对我们这个项目来说，这就意味着一个年轻文明利用能源的能力是有限的。更为重要的是，我们知道这些能量形式是什么。物理、化学以及行星演化的规律告诉我们哪种能源能够为智慧生命发展技术并不断取得进步提供支持。下面是一颗行星需要具备的完整的能源清单。

可燃物。这里指能够燃烧的物质。它既可以是化石燃料——假如行星经历过了某个特定的地质时代，它们就能够燃烧；也可以是生物材料，比如我们地球上的木材。

水力/风力/潮汐。假如该行星表面存在流动的液体或气体，那么这些流体的运动便能产生能量。

地热。行星内部的热量也可以进行采集并应用到创建文明的活动中。

太阳能。阳光既可以进行低技术含量的采集（比如热利用），也可以进行高技术含量的运用（比如发电）。

核能。只要周围有铀等放射性元素，就可以利用其原子核中储存的能量。核能的科技含量明显高于其他能量采集形式，考虑到我们已经学会利用它了，可以合理地认为其他文明也可以做到。

每颗行星上独特的自然条件最终决定了在该星球上发展的文明可以使用的能量形式组合。在有些行星上利用地热可能更方便，而在另外一些行星上则更容易利用风力。不过，关键是上面的清单几乎涵盖了迄今为止我们所知的所有选项。我们并没有臆想系外行星拥有某种特别的磁场、持续的闪电等情况。想要在清单上增添新的能源的话，恐怕需要我们编撰出一些科幻故事来研究这种"新物理学"。

第五步：调查影响度。由于我们罗列出了可供一个年轻的文明利用的能源，那么我们也就能够估算出使用这些能源对星球所造成的影响。假如你觉得这听起来像科幻故事，那么别忘了，早在 1903 年斯凡特·阿伦尼乌斯就对地球与燃烧（指燃烧化石燃料）间的关系进行了类似的精确计算。阿伦尼乌斯知道地球大气层的构成，他能计算出使用煤炭的影响。这个影响就是会产生二氧化碳，二氧化碳排放量的变化会强化温室效应[19]。

因此，对于依赖燃烧可燃物提供能量的文明来说，我们已经知道如何去建模，以分析其对星球的影响。我们所需要做的就是分析这些文明所在的行星上物质条件可能存在的差异，包括大气层的组成、宜居带的轨道等。

那么，其他类型的能源所造成的影响又如何呢？在某些研究中，这样的计算已经开始启动。在德国的马克斯·普朗克研究所，科学家开始进行一项研究，了解风力的全球性影响。风机在稳定而强大的气流的推动下旋转，将风力转化为电能。然而在这个过程中，风机会产生向下流动的气流。德国的研究团队发现，要是我们从风力中提取的能量足以支撑我们当前文明的发展程度，其对地球所产生的影响就会造成中等程度的全球变暖。即便是风能这种可再生能源也会产生全球性的副作用，尽管它的副作用远远小于化石燃料[20]。

因为我们对上述所列能源的物理和化学性质有了深入的了解，所以评估这些能源的使用对地球之外的某颗星球会产生怎样的副作用并不需要科学领域的重大突破。不管一个文明会采用哪种能源，我们都具备必要的信息去计算它对所在行星产生的影响。有了这种计算能力，我们在外星文明考古学理论研究的道路上迈出了最后的一步。

第六步：撬动杠杆。从第一步到第五步，现在我们就有了一套了解外星文明历史的方法。我们可以从建立一个模型开始，这个模型用来了解一个新兴文明与其星球环境之间的相互作用。这种相互作用可以用方程的形式表达出来，预测文明物种的数量和它所在的星球系统如何随着时间变化。正如捕食－被捕食模型那样，这些方程将相互关联起来。一个方程专门用于描述行星系统（比如大气层）的变化，另一个方程用于描述创建该文明的物种数量的变化。每一个方程都会有一组参数来描述行星对文明的影响以及文明对行星的反作用。需要指出的是，要想使这项研究更加完善一些，我们需要不止两个方程，因为我们或许需要考察不同的能源及其利用方式,需要考察能源利用情况对不同的行星系统（如海洋、冰川等）所造成的影响。不过现在，我们先将其命名为“行星甲”和“文明甲”。

总之，文明甲的发展必须消耗能源，而在能源消耗中产生的废弃物将会排放到行星甲的某些系统中去。当这些行星系统受到文明甲的影响而发生变化时，该文明随着人口数量的变化，要么繁荣昌盛，要么走向衰退。因为文明甲和行星甲之间的相互作用很复杂，在解开前面的方程之前，我们并不知道会得到什么答案。

计算一遍并不能告诉我们很多信息。我们感兴趣的是德雷克公式中的最后一个因子：文明的平均寿命。为了计算平均值，我们不得不对很多不同的行星进行反复的计算。在某种意义上，这就像一遍又一遍地进行创建文明的实验，我们将建造一个我们自己的迷你版宇宙。有些模型的运算可以从那些处在恒星系统宜居带内圈的行星开始，这个区域中的行星特别容易受到影响，从而加剧温室效应。有些行星距离主恒星稍远一些。有些模型会涉及一些拥有大气层的行星，其中一些行星大气层中的氧气含量比地球上的低，而另一些的氧气含量则高于地球上的。有些模型会从使用风力的文明开始，而另外一些则会从使用地热的文明开始。你能否想象出这样的一幅图景？

最后，我们将撬动杠杆，进行成千上万次模拟运算，每一次运算都设定不同的初始条件。这样似乎需要海量的工作，不过有了现代计算机，速度就会快得多。

一念天堂，一念地狱

正确地开展外星文明考古学理论研究并非易事，需要很多学科领域的研究支持，其中涉及天文学、地质学、能源科学和生态学研究。要想创建一个实用的数学模型，我们必须将物理、化学、行星科学和生态作用这些要素正确地代入我们所建立的模型中去。这将是一项漫长而有趣的工程。

虽然我们目前还处在实现这一目标的探索阶段，但是一些初步的研究现在就可以进行。这些前期探索能够从天体生物学角度给科学家提供一个有关外星文明的基本轮廓。2016 年秋天，我们的一个团队已经开始从事这种探索性的研究。目前看来，其成果是非常激动人心和富有前景的，当然或许也会有令人泄气的地方。

我们的这个团队里有来自华盛顿大学的城市生态学家玛瑞娜·阿尔贝蒂，她出生在意大利，研究兴趣是环境针对人类世已经做出或正在做出的反应。玛瑞娜研究城市环境以及新物种如何出现在遍布全球的城市建筑中。阿克谢尔·克雷顿也是该团队的一员。阿克谢尔是一位富有创新精神的思想家，他在马克斯·普朗克研究所工作，从事生物化学研究。他正在建构一种新的研究视角，将地球视为一个独立的热力学系统，就像一台巨大无比的蒸汽机。团队成员还有乔纳森·卡洛尔·勒仁巴克，他是我多年前的一个本科生，目前在罗彻斯特大学和我共事，是一位高级计算机专家。他在理论研究方面的才能非常突出。有时，我早上咨询乔纳森一个问题，第二天他就会全部解答出来，并用非常漂亮的图表呈现给我。

在大家的共同努力下，我们建立了一个有关文明和行星演化的模型。这个模型的方程非常简单。我们并不打算去捕捉地球或者任何一颗特定行星的细节。我们的目标是描述文明和行星间最可能发生的相互作用，这是我们为今后取得更详尽和更现实的成果所迈出的第一步。

我们的思路是，物种数量和环境通过能源紧密地联系在一起。行星提供能源，文明则利用能源。所利用的能源越多，一方面意味着物种数量越多，另一方面则意味着环境变化越大。而环境的巨大变化会降低行星对该文明的承受能力，这将导致物种数量的减少。

遵循这些特点，我们也引入了一些机制来描述文明会怎样应对行星条件的变化。为了将问题简化，我们假设行星上只有两种能源，一种对行星的影响大（如化石燃料），而另一种对行星的影响小（如太阳能）。这里，影响度反映的是消耗能源所引起的行星环境的变化程度。

一旦行星环境的变化突破了某些节点，文明就会转变能源的利用方式。你可以用行星的温度来衡量，一旦行星的温度上升到某个特定值，文明就会停止使用高影响度的能源，转而利用影响度低的能源。

在建模时使用这种策略给我们提供了一种独特而又简单的方式来简化文明的社会性。我们并不想尝试建立一个模型来研究文明的建造者如何在人类世进行认知和反应，而是直接抓住行星温度这个参数，这正是迫使文明最终采取行动的因素。由于现在关键因素变成了一个数据变量，我们就可以通过改变这个变量，了解那些“智慧”文明形态和“愚钝”文明形态的历史演变进程。当所处行星的温度开始上升的时候，文明不会迅速做出反应，也不会迟迟不做出反应。虽然我们无法对社会进行建模以分析它们是如何进行选择的，但是我们可以对其选择的物理性后果进行建模。早期性的应对措施能挽救这个文明吗？有什么能够挽救这个文明吗？

那么，这个模型告诉了我们什么？

我们对外星文明 / 行星系统的研究呈现出了 3 条非常清晰的轨迹。第一条被称为“衰亡”轨迹，令人不安的是这条轨迹最为常见。当文明利用能源的时候，物种数量不出预料地会增加（见第 160 页图 a），但是能源的消耗会促使行星的环境发生改变，不同于初始状态。当外星文明 / 行星系统继续进行演化时，物种数量会急剧增加，超出环境的承受能力。换句话说，物种过度繁衍，超出了行星的供养能力。接下来物种数量便会锐减，直到文明和行星达到一个稳定状态。到达平衡点之后，无论是物种数量还是行星都不会再发生任何变化。这颗行星上的一个可持续的文明形态就此建立，不过需要付出巨大的代价。

在很多模型中，我们发现大概 70% 的物种会在达到稳定状态之前灭绝。你可以想象一下，在全球气候灾难面前，你所认识的 10 个人之中有 7 个人会死去。一个高科技社会能承受多大程度的人口数量减少，对此我们还不是很清楚。在 14 世纪黑死病肆虐时期，欧洲损失了 30% ~ 50% 的人口，但人口还是努力获得了繁衍。按照现代的眼光来看，中世纪的欧洲当然算不上高科技时期，但也不像宇宙中的一颗系外行星那样孤苦伶仃。

我们所发现的第二条轨迹可以称为“软着陆”轨迹（见下页图 b），物种数量增加，行星环境改变。但是数字模型显示，在早期转而使用一种影响度低的能源后，文明会平稳地进入一种稳定状态。该文明及其所处的行星就会逐渐进入一种平衡状态，不会产生大规模崩溃。

最后一条轨迹则最令人不安：整体崩溃。在衰亡模型中，物种数量最初的增长非常迅速。然而在第三种状况下，行星环境的变化速度会造成其承受能力急剧下降，从而会导致物种数量急速减少，直至灭绝。

这个模式最具冲击力的一点在于崩溃是不可避免的。有人或许认为从利用影响度高的能源转向利用影响度低的能源，或许会使状况有所改善。但是，对有些模式来说，这根本不起作用。假如我们只利用影响度高的能源，物种数量就会达到一个峰值，然后迅速下降至零（见下页图 c）。假如改为利用影响度低的能源，也只会延缓文明崩溃的速度。物种数量起初减少，然后进入稳定状态，最后会突然锐减，直至灭绝（见下页图 d）。

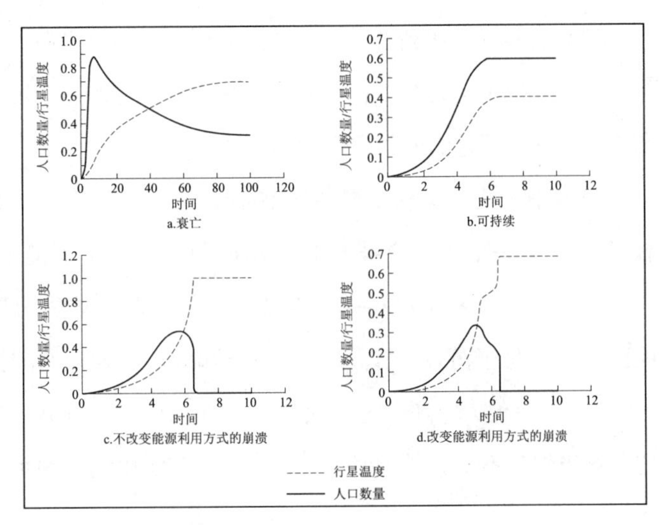

数学模型演绎出4条外星文明/行星系统交互作用的轨迹

即使文明做出了明智的选择，也不能避免崩溃的发生，这证明了建模过程中的一个关键点：它总是会出乎你的意料。由于描述数学模型的方程很复杂，所以会发生一些意料不到的事情。如果你没有着手制定出一些解决方案的话，有些结果将是我们不曾想到的。

只有在研究了一些模型的表现后，你才能明白发生了什么。别忘了我们的简化模型是用于追踪一个文明与其所在行星共同演化的轨迹。在延迟崩溃的模式中，我们发现一些情景在告诉我们，假如改变出现得太晚的话，即便从影响度高的能源利用方式中转变过来也无济于事。在我们的地球模型中，尽管人类文明觉察到了进入像人类世这样的转变阶段，并且调整了能源利用方式，但是这颗行星已经奔向了一个新的气候区间。一旦进入新的气候区间，地球的内部机制便会启动，它不会再回到初始的气候状态，而是会把人类文明推进毁灭的深渊。

在这些情形下，行星环境的内部调节机制是罪魁祸首。它会促使行星发生过激反应，于是行星也就不会再恢复到初始状态。我们知道这一切都会发生，即便没有一个文明可以见证，因为金星经历过这一切，它丧失了温室效应。我们的地球正以一种再平常不过的方式展示一个文明如何通过自己的实践活动将一个星球推向另外一种失控状态。

乔纳森、玛瑞娜、阿克谢尔和我的研究呈现了一个文明和它所在的星球相互作用的一些基本方式。我们发现行星 / 文明系统存在长期共存的可能性，这是一件好事。不过，它也对我们提出了警告。行星的自我保存反应机制会摧毁一些文明，即便这些文明采取了明智的措施。这一点尤其值得我们警醒。

最后一个因素

有关外星文明的考古学研究到底能告诉我们一些什么事实？这是一个非常自然的问题。难道这些模型只是一些数学玩具吗？除了自身的文明之外，我们连一个可供比较的文明都没有，这难道不是事实吗？回答这些问题有助于我们看清楚将外星文明看作一门严肃的科学能给我们带来怎样的成果。它也有助于我们意识到，当我们试图利用这种天体生物学的视角去理解人类在自身文明进程中做出的选择时所面临的危机。

模型和现实是迥然不同的两件事，这是显然的事实。模型进行了简化，就像没有肌肉和皮肤的骨架，不过仅仅是骨架也可以告诉你很多有关动物的信息。我们就是通过这种方式来了解恐龙的。不仅如此，当我们继续往前推进的时候，基于我们对已知的行星运作方式的了解，我们的模型就会有复杂得多的版本基础。它们或者将会建立在更为坚实的物理学和化学基础之上，换句话来说就是建立在行星法则上。通过这种方

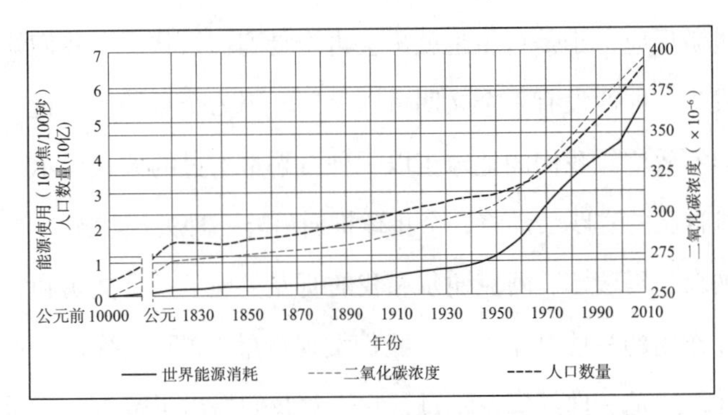

模型和现实：过去1万年间能源消耗水平、二氧化碳浓度和全球人口数量的曲线图

式，它们将不再仅仅是一种想象中的游戏。

模型让我们不再拘泥于科学幻想。依赖行星法则，它们体现了现实的关键部分，这意味着它们拥有自身的逻辑。它们在向我们讲述自己的故事，要是没有这些模型，我们就无法听到这些。当遥远行星上的一个文明开始进入技术文明的高级阶段时，可以依据这个模型来探讨我们认为将要发生的事情。你的朋友或许持有不同的观点，那么在你们之间将会引发一场通宵达旦的辩论。但是，这和我们启动数学工具去研究困扰我们的复杂性又完全不是一回事。我们不是单纯地提出观点，而是让这个模型向我们展示宇宙是如何运作的。数学模型将它的故事建立在一些实际的约束条件上，这使得这些故事具有了科学价值，赋予这些故事以某种现实的可能性。

我们在本章探讨的所有研究都只涉及第一步。在我们准备付出更多的时间和努力的时候，这会是一个展现未来成果的框架。我们在这里所讲述的内容只是整个故事的开头，它们会随着我们认识的提高而变得更加精确。

接下来就是要建立更具现实性的模型，并且应用这些模型去开拓更大范围的现实可能性。在将这些模型置入成千上万个不同的情景后，我们会得到成千上万个宜居行星的模拟轨迹，这就是它们的历史。

一颗位于宜居带内圈的行星也许对温室效应的丧失高度敏感，以至于这颗星球上的文明在面临自身的人类世和崩溃之前几乎没有时间获得进步。另外一种情况是，远离恒星的行星对于环境条件变化的敏感度没那么高，但是其文明可能拒绝承认这种变化，直到“衰亡”已经开始。不同行星上的不同物种也许会设法只使用影响度小的能源来创建文明，并平稳地过渡到一个能维持上百万年的可持续阶段。

这些故事中与我们有关的部分是什么呢？这个问题的答案非常简单：德雷克公式的最后一个因子。拥有了上千个模拟行星和文明的发展轨迹，我们就能计算出文明的平均寿命了。一个文明到底平均能够维持多久呢？

仔细考虑一下，这个简单的数字将会告诉我们些什么呢？

假如外星文明的平均寿命是200年，那么我们的麻烦就大了。假如我们发现大部分的文明只维系了几个世纪就崩溃了，那么这就在暗示像我们这样的文明并不适用于行星规模。平均寿命短意味着宇宙并不支持文明的发展。这给我们的提示就是，我们人类进入人类世就像将线穿过针眼一样，并没有太多的空间供我们选择。假如是这种情况，现在恐怕已经为时已晚。

假如我们的模型所模拟的文明的平均寿命达到了上万年，那么这对我们来说就是个好消息。这意味着一个文明要想突破人类世这样的瓶颈并非难事。有很多能够发挥作用的策略，可以减少我们对行星系统的影响。这也意味着我们还有很大的探索空间，还允许我们犯错误且能够得到恢复。

这样，外星文明考古学研究中的一个简单的数字——文明的平均寿命会对我们人类的未来以及我们当前所需采取的行动产生深远的影响。它会让我们了解将要来临的事情。有了这些知识，我们对未来所要面对的选择将会有更深刻、更充分以及更明智的认识。

除了平均寿命这一问题之外，我们还能利用这些模型精确地了解到底哪种选择最有可能拯救我们人类的文明。一旦有了整套轨迹图，我们就可以提出这样的问题：具体是什么让一些文明能够在行星上获得可持续发展而让另一些文明崩溃呢？就像一个医生通过研究一种疾病最常见的病理学状况来寻找治疗方案一样，我们能够看到什么常规因素会让文明具有灭亡的宿命。这些模型教给我们很多，让我们明白不能像井底之蛙一般看待我们的星球以及我们自身无法左右的命运。

第6章　被唤醒的世界

我们需要的星球

假如在几十亿年间宇宙漫长的演化进程中确实有一些物种跨过人类世进入了一种长期的、可持续的文明形态，那么这些文明又会因何而终结呢？这些物种所生活的星球会是什么样的？空气、水、岩石、生命与一个遍布全球的、能源匮乏的技术密集型文明之间的耦合体系又是如何在这些星球上发挥作用的呢？这些才是我们最关心的问题，也是我们必须锁定的目标。

“行星”和“可持续性”这两个术语并列放在一起，会让人产生很多充满希望的遐想：线条流畅的电气列车在优雅的生态城市中滑行，城市里垂直分布的农场和仿自然形态的建筑随处可见，这些都是“绿色乌托邦”式的景象。虽然想象一座可持续的城市是什么样子并非难事，但是想象一颗可持续的星球则完全是另一回事。城市一直是人类所控制的领域，它们是人类文明从大自然中开拓出来的空间。然而，行星则是一个全然不同的怪物[1]。

行星们的主人是它们自己，这就是天体生物学向我们展示的情形。塑造一个世界的过程是强大、复杂而又微妙的。行星通过更为精细的因果关系网络来引导巨大的能量。这些网络表现在风吹起细小的尘埃颗粒并将其带到数千千米之外，或者被火山吹入空气中的化合物最终在数百万年后又被埋入深深的海底岩石中。而在这个混合体中再加入生命的因素，行星就几乎变得无限复杂，因为行星系统现在有了一个共同演化的生物圈。

那么，一颗拥有长寿文明的健康行星又是如何运作的呢？要回答这个问题，我们必须把调查研究进行到底。要在地球上处理一个具有全面可持续性的文明的安全性问题，不仅需要我们像行星一样思考，而且需要我们去了解当行星已经通过其文明学会了如何应对时会产生的深远影响。换句话说，当一颗行星作为一个整体被唤醒时，这意味着什么？

苏联会议

在那次著名的绿岸会议上会面 10 年之后，弗兰克·德雷克、卡尔·萨根和最初的其他两名与会者发现他们又在一起了。这一次的背景不再是西弗吉尼亚的森林，而是亚美尼亚的一座大山。德雷克和他的同胞与一个苏联科学家团队来到布拉堪天文台，参加第一次在真正意义上探讨星际文明的国际会议[2]。绿岸会议的规模非常小，只有 9 名参会者，而 1971 年的布拉堪天文台会议有 40 多名参会者，包括来自苏联和美国科学机构的科研精英，其中有像弗朗西斯 · 克拉克（DNA 的共同发现者）

和查尔斯·汤斯（激光的发明者）这样的诺贝尔奖得主，也有其他一些著名人士，如人工智能的先驱马文·明斯基和加拿大神经生理学家戴维·胡贝尔（他后来因在大脑研究方面取得的成果而获得诺贝尔奖）[3]。

1971年，卡尔·萨根（右）与其他参会者在布拉堪天文台参加第一届搜寻地外文明（SETI）国际会议（布拉堪天文台）

卡尔·萨根在这次会议的组织中发挥了核心作用。在冷战背景下，萨根明白召开一次国际会议的象征意义——在其他很有可能更为成熟的文明背景下致力于解决地球危机。不过，将会议放在苏联召开不是一件小事。要想把这件事情办成，萨根需要在苏联这边找到一位像他一样痴迷于宇宙与生命研究、充满无限热忱的人。他在尼古拉·谢苗诺维奇·卡尔达舍夫身上发现了这些特质。

卡尔达舍夫只比萨根大一岁半，是一位射电天文学家，已经在星系和星际物质研究方面做出了突出贡献[4]。苏联在奥兹玛项目开展后没几年就启动了对外星文明的首次探索，他是幕后的推动者。在绿岸会议召开几年后，他在1964年召集了苏联的首届SETI国内会议。他在这次会议上所做的报告确立了他在外星生命及其演化的研究方面的领跑者地位。

在报告中，卡尔达舍夫为外星文明的技术发展列出了一个进程表。

他的想法在布拉堪会议上发挥了重要作用，大家围绕着文明的长期命运展开了自由的讨论，直至夜深人静。这个后来被称为“卡尔达舍夫量表”的进程表的影响力远远超出了布拉堪会议本身，被证明并不亚于德雷克公式的影响[5]。

卡尔达舍夫量表

当卡尔达舍夫提出测量文明进程的量表时，他的主要兴趣在于发现外星文明。卡尔达舍夫的问题也可以用更直接的方式表述出来：在技术成熟度的阶梯上，标志一个文明先进与否的转折点是什么？他的基本思路是文明在发展的过程中会经历一些清晰的、可量化的阶段，这给卡尔达舍夫提供了一个支点来开展对外星文明的讨论。通过提供一些技术手段来量化文明的进程，这会使得这种讨论不再停留在猜测的层面。虽然他的主要研究目的是寻找来自外星文明的无线电信号，但他的量表也给我们提供了一个思考文明演化的方式。不过，在文明与其所在行星之间的关系上，卡尔达舍夫量表存在一个关键性的偏差。要想寻找一条能够冲出人类世困境的道路，纠正这个偏差是关键的一步。

卡尔达舍夫将他的量表建立在一个文明所具备的可使用能源的基础上。该量表有以下 3 个层次。

第一层次：这些文明可以采集到所在行星上的所有能源。实际上，这意味着可以采集到主恒星投射到这颗行星上的所有光能，因为对于一颗处在宜居带的行星来说，可获得的最大能源还是来自恒星。地球每秒从太阳那里获得的能量相当于 3000 枚原子弹爆炸后释放的能量[6]。处于这个文明阶段的物种可以随意使用这些能量。

第二层次：这类文明能够采集主恒星的所有能源。太阳每秒产生的能量要比到达地球的光能多10亿倍以上。物理学家弗里曼·戴森在1960年撰写的一篇论文中曾先行提出了一些与卡尔达舍夫类似的想法。在这篇论文中，他设想了一个发达的文明围绕着它的主恒星建造了一个巨大无比的球体——“戴森球”[7]，这个如太阳系般大小的球体用于采集主恒星的光能。这为科学家想象卡尔达舍夫设想的第二层次的文明采集能源的方式提供了参照。

第三层次：这类文明能够采集所在星系的所有能源。一个典型的星系包括数千亿颗恒星。第三类文明也许能够将整个星系的恒星都囊括进“戴森球”中，或许他们已经掌握了更加不寻常的技术手段。

卡尔达舍夫量表代表了科学界在面对这样宏大的问题时所具有的想象力。一个“戴森球”不过就是一个大得令人难以置信的机器。围绕着太阳建造的“戴森球”内表面的半径相当于地球公转轨道的长度，覆盖2.5亿亿平方千米的面积。建造这种巨型机器所需要的材料相当于整个星系内的行星。显然，我们不会很快建造出这样的机器，“戴森球”不折不扣是属于科幻小说里的东西。

但是，将采集恒星能源的能力作为衡量文明演化水平的尺度，卡尔达舍夫的文明演化量表听起来像科幻小说，但是它牢牢地建立在物理学的基础之上。这也恰恰是卡尔达舍夫量表所起的作用，也是其能获得声誉的原因。例如，像宾夕法尼亚州立大学的杰森·莱特这样的研究人员应用“戴森球”对第二类文明的辐射信号进行了搜索[8]。正如天文学家米兰·M. 西尔科维奇在2015年所写的那样：“卡尔达舍夫量表一直是用来思考高级外星文明的最流行且引用最多的工具。”[9]

卡尔达舍夫量表的魅力主要在于它通过提供一张有关文明进程的技

术路线图，将科学与神话般的乐观主义结合起来。它带来的启示无疑让人充满希望。作为一个发明技术的物种，如果我们继续前进的话，那么我们自然就应该通过卡尔达舍夫的每一个文明类型，走向一个拥有难以想象的力量和影响的未来。一个能够建造“戴森球”的文明，对我们来说无异于技术神话般的存在。在物理学中，功率的定义是单位时间内使用的能量。由于卡尔达舍夫量表明确地建立在使用能源的基础上，在该文明中，物理意义上的能量与其隐喻的能量之间的联系，以及科学和神话之间的联系就都被纳入了量表的应用范围。这个量表告诉我们，只要你走得足够远，你也将成为神。

今天不止一位作者试图计算人类文明在卡尔达舍夫量表上处在什么位置。1976年，卡尔·萨根提出了一种计算方法，在世界能源生产的基础上计算人类文明在卡尔达舍夫量表上所达到的“分数”[10]。在萨根的计算中，最终得出的结果是大约属于0.7类。弗里曼·戴森更进一步，他提出人类文明将在大约200年内完全达到第一层次（达到第二层次还需要10万年到100万年的时间）[11]。

这听起来似乎很美好，再过两个世纪，我们将真正进入文明的第一层次。当然，问题是我们可能永远到不了那里。我们的文明形态此刻正遭遇一个瓶颈，而我们能否顺利通过？情况并不容乐观。

卡尔达舍夫量表的发布是外星文明研究中的一个历史性标志。就像萨根和德雷克一样，卡尔达舍夫给人类的未来提出了一个技术乌托邦式的愿景。技术被想象成一台造型优雅、油光发亮的机器，注定成为人类的拯救者。我们期待技术的发展及其力量将是不可限量的。这也是卡尔达舍夫量表只关注能源这一个要素的原因所在。文明的进程会不断提升其获取能源的能力，直到整个星系都成为它开采能源的资源。在每一个阶段（即卡尔达舍夫所说的每一文明层次）中，使用能源对能源的物理系统所造成的影响可以忽略不计。行星、恒星以及星系都不会为其所动。

恒星和星系或许并不在意你如何处理它们的能源，但行星则是另外一回事。这就是人类世的一个惨痛教训。

整个恒星系统或星系的运行机制远远超出了我们的猜测，即便想知道它需要一些什么样的挑战都不可能。但是对行星来说（这是文明的第一层次的关注点），我们的认识足以让我们了解卡尔达舍夫量表是如何成为研究行星的一种方式的。它继承了发达文明的一个理念：文明创造者居住在完美的、遍及全球的城市之中，整个自然都在他们的掌控之中。科幻故事中充斥着这样的景象，比如川陀这样的星球。它是艾萨克·阿西莫夫经典的基地三部曲《银河帝国》中的一颗母星。川陀星球的表面覆盖着几个机械层，厚达几百千米，构成了这颗星球上唯一的行星规模大小的城市[12]。科洛桑星球是更新的一个例子，它是《星球大战》中银河共和国的母星；在星球城市中高耸入云的尖塔之间，气悬浮汽车川流不息。还有很多这样的情景，一些行星被那些掌握着强大能源的文明所操控。

但是在卡尔达舍夫提出他的文明分类体系后的几年时间里，我们历尽艰辛认识到行星的生物圈是不容小觑的。通过洛夫洛克、琳恩·马古利斯以及其他人的努力，我们对行星及其上的生命有了新的认识。即便行星上没有生命，我们现在知道它们也是一种非常复杂的系统。如果有一个充满活力的生物圈存在，它就会成为这个复杂系统的一部分。系统中有生命的和无生命的部分会随着时间共同演化。这样，这个构成行星的耦合系统便有了自己的内部动力机制，即它自己的逻辑。在勾勒文明的发展轨迹时，我们须像卡尔达舍夫所希望的那样，完全地接受这种逻辑。

将我们自己的文明置于这颗赋予它生命的星球之外，这种观念必须再一次被制止。所有的文明，包括那些可能出现在其他世界中的文明，都是所在星球演化历史中的表现。从这一角度来看，我们的文明形态只是地球历史的成果之一，而不是其未来的主人。每一种文明都必须被看作生物圈活动的一种新形式，在一颗星球的转换和变革的历史中兴起。

因此，我们需考虑的不仅仅是能源消耗（这是卡尔达舍夫量表的关注点），而且必须学会从能量转换的角度来考虑问题。我们需要考虑能量在行星系统内流动时那些限定它们的物理定律。我们必须从全面的热力学角度来看待这一切，比如太阳能先转化为推动空气柱上升的能量，然后转化为使雨水降落的能量，如此种种，一直转化成活细胞的能量。

认识到能量转化的局限性是我们在人类世获得的一个基本教训。你不能只是让一颗行星乖乖地听从你的安排，否则就意味着你无法期望利用它的能量去建造文明而不对它产生副作用。我们必须从一种对生物圈和文明更为深刻的认识出发，把它们视为一个交互系统的一部分。这意味着一种新的图景，它将展示文明是如何上升到第一层次的，并且有可能维持足够长的时间。我们必须从生命与其所在星球之间持续性的相互作用这个角度去看待一个能源密集型文明的长期可持续发展模式。

可持续的文明不是从生物圈中自然出现的，而是以某种方式与行星系统达成的一种长期合作关系。

转型中的行星地球

行星的出现是自然的，星光转变成了某种有趣的东西。一颗行星数十亿年的演化历程，取决于它能利用哪些过程吸收星光，并通过做功将这种能量转化为其他东西——从暴雨到森林再到文明。在宇宙时间中穿越的行星演化的故事其实就是这些能量转化的故事。

能量的流动属于热力学范畴。汽车发动机是一个热力系统，它是一台“热发动机”。汽油在汽缸中点燃，把化学分子中蕴含的能量转化为热能。受热膨胀的气体推动活塞，又将热能转化为动能。活塞的运动通过齿轮转变为车轮的转动。

所以，重要的不仅仅是油箱里储存的能量，而且需要注意从化学能到动能的转化。一些原有的化学能由于发动机的加热或轮胎在道路上的摩擦而被损耗（意思是说它失去了，没有用于推动汽车运动）。

热力学告诉了我们转化的局限性。它告诉我们并非所有最初可利用的能量（比如说油箱内的燃料）都能用来做有用功，有些必然会转化为“废弃物”。自然界通过热力学定律确定了宇宙的极限。这也是为什么热力学角度是研究行星、文明及其共同命运的正确方法。

对于一颗像水星这样的没有大气层的行星来说，有效的能量转化非常有限。阳光照射在水星的表面上，表面温度上升，又将一部分热量反射回太空，直到水星表面的温度均衡。这就是故事的全部内容，这就是水星在过去长达30亿年的岁月中年复一年地看上去基本上都一样的原因[13]。

一旦行星有了大气层，整个故事就会有趣得多。当阳光让拥有大气层的行星表面受热后，接近地表的空气的温度也会升高，于是热空气上升，产生大规模的对流循环。气体在上升过程中逐渐被冷却，又会朝地表下降，然后开始新一轮的对流循环。对流的大气层就像一种行星热发动机，将太阳能转化为动能。

假如大气层也包含水、二氧化碳以及其他易挥发的分子，那么在对流循环中就会发生蒸发和冷凝现象。举例来说，水在接近行星表面时会汽化，转化为气体形式和其他空气成分一起上升。在海拔更高的地方，水蒸气又会凝结成液体（雨滴的形式）。像降雨和降雪这样有趣的天气现象就是这样形成的，这些现象在没有空气的星球上是不可能发生的。

这些原材料（一个含有可挥发和凝结物质的大气层）足以让一颗行星有了气候和天气变化。由于有了沙尘暴、雾和霜，所以像火星这样的相对没有生气的星球看起来每天也会不一样。

雨水冲刷着地表，河水奔腾流淌。这些液体在星球表面流动，又为地表增添了一道风景。岩石遭受日晒雨淋，其内锁定的元素通过空气和地表液体中的元素进行交换，促使了这些矿物质在行星系统内得以循环[14]。这些循环错综复杂，彼此相互作用，又赋予了这颗星球新的内容，让它得以进行更为复杂的演化。

这里的关键点在于这些过程基本上都属于能量形式的转化。有了大气层，在空气的升降运动中，太阳能被转化为动能。大气层有了水和二氧化碳，动能就能够转化为与蒸发和冷却相关的能量。岩石的风化侵蚀以及化学结构的打破则是另一种能量转化形式。因此，即使没有生命，一颗行星也会有属于自己的阳光，并利用这种能量完成更为复杂的运动，推动着自己发生改变、逐渐演化乃至突破创新。

这种对能量和演化进行思考的方式促使我和玛丽娜·阿尔伯蒂、阿克塞尔·克莱顿一起提出了一种新的行星分类方法[15]。卡尔达舍夫量表将焦点放在了行星所获得的总能量上，而我们感兴趣的是能量进入一颗行星内部后所发生的事情。这里，“内部”并不是指在一颗行星的表面之下，而是指在交互作用的行星系统之中。当太阳的能量以投射进来的光的形式穿过由大气、水系以及包括生物圈在内的其他要素所构成的相互作用的网络供给这颗行星时，会发生什么事情呢？

与卡尔达舍夫不同的是，我们采取一种新的行星分类方法，目的不是探测行星（尽管经证明也可以用于此目的），而是想要运用行星规模的物理、化学和生物法则，去看看在什么情况下可能发生行星演化。我们尤其想要应用对已知行星的了解去描绘那些未知的行星（拥有可持续文明的行星）所具备的特性。

通过共同研究，我们 3 个发现要对宇宙中的行星进行一次大范围的普查，可以将它们按照 5 个主要级别进行归类。

在我们的量表中，像水星这样没有空气的行星属于一类行星。在该行星上，太阳能的转化很简单，因此其产生的作用及其复杂程度非常有限。一类行星是不折不扣的死亡星球。

像火星和金星这样拥有大气层而没有生命的行星属于二类行星。在该类行星上，太阳能推动空气流动，转化为行星系统内的主要动能，其所做的功在一定时间范围内会产生沙尘暴这样的气候现象。

三类行星是指那些拥有我们称为“稀薄”生物圈的行星。在有些行星上，生物圈已经开始孕育，而且正影响着其他的行星系统，但是还未能主宰这些系统。计算这种行星数量的一种方法就是要看所谓的行星净产值，即它的生物圈所能获得的能量。唐纳德·坎菲尔德曾经估算过太古宙时期的净产值，发现该值是现在净产值的 1/100。因此，太古宙时期的地球属于三类行星。假如在 40 亿年前的湿润的挪亚纪时期时，火星上曾有过生命，那么火星就属于一颗三类行星。

而四类行星则正好与三类行星相反，属于被生命劫持的星球。它们有“繁荣的”生物圈，形成了一个动物、植物和微生物之间彼此深深影响的关系网络，并反作用于其他行星系统。地球大气层中的氧气产生于大氧化事件，这告诉我们人类正生活在一颗以生物圈为主导的行星上，生命在行星演化过程中起着巨大的作用。所以，地球在文明出现 1 万年前是一颗四类星球。

我们的分类基于这样一个事实，即我们有前 4 个行星类别的真实例子。通过这些已知的世界，我们可以了解太阳能是如何通过行星系统发挥作用并推动其演化的。这些知识让我们能够对假想中的五类行星形成一些基本的认识：一颗拥有可持续文明的星球。

从一类行星到四类行星，我们可以看到能量的传递和转化越来越复杂。一类星球在将太阳能转化为动能方面几乎无能为力。四类星球则有很多方式将太阳能转化为动能。根据热力学原理，我们知道了在每一个连续的行星级别序列间，行星如何“找到”新的太阳能转化方式，从而促进演化的进行。在一颗没有生命的星球上，这种演化也许非常普遍，但其路径仅限于物理和化学反应。简而言之，这种演化的细节是可以预测的。一旦三类和四类行星上出现了生命，生物演化就开始掌控全局。生命发现了全新的作业方式，形成了与行星上的其他物质发生相互作用的新流程。

复杂性、做功和能量传递之间的关系给我们提供了理解五类行星的窗口。与三类行星上的“稀薄”生物圈相比，四类行星上繁荣的生物圈能够将更多的能量导入到作业中，而三类行星导入能量的能力又比二类行星要强。这意味着拥有可持续文明的星球——五类行星或许在利用太阳能方面更为擅长。在一颗五类行星上，生物圈（此时已包含一种覆盖全球的文明）的生产效率甚至比整个三类和四类行星的效率都要高。正如卡尔达舍夫设想的那样，这个文明不仅能收获更多的能量，而且已经知道了如何利用能量而又不致把地球推向危险境地。这种文明成为生物圈的一部分，增加了被哲学家称为“媒介”的东西。这种文明根据自己的目标进行选择。因此，五类行星拥有了一个由“媒介”控制的生物圈。该文明此时正在有意识地与其他系统的其他部分进行合作，以提高自身及生物圈的生产力，促进生物圈的整体繁荣。

也许正是这个文明将这颗行星从荒原转变成了一个生机勃勃的生态系统。如果处理得当，这种“沙漠绿化”可以稳定不断变化的气候，或许它可以改变植物的基因，使得植物既能进行光合作用又能发电（目前已有科研人员在研究这个问题）[16]。可以用太阳能电池覆盖一些区域，以增加（至少不减少）整个生物圈的生产力，提升星球的健康水平。存在着各种各样的可能性，我们的研究仅仅是为了指明五类行星上一个已经介入生物圈的文明所会前往的正确方向。当然，要把概念上的五类行星转变为未来的研究计划，还有很多富有成果的工作要做。

那么，在我们的分类系统中，地球此刻处于什么位置呢？当我们进入人类世时，明显离开了四类行星的状态。我们人类的活动和选择大大地改变了生物圈以及其他行星系统的状态。不过，正如行星学家戴维·格林斯潘和其他研究者所指出的，这是在没有长远规划的情况下引起的改变[17]。我们正在把地球带入某种新奇的状态，但是我们无法保证从长远来看，这种新奇的状态是否会把人类纳入其中。所以，在人类世开始的时候，地球便不再是四类行星，而且还没有（也许永远也不会）成为一颗五类行星。就目前来看，这是一个处在混合状态下的行星。它正在朝着不同于以往的状态演化，而它的演化方式对我们的文明造成了威胁。

对行星进行分类，关键在于必须让各种文明重新回到其所在生物圈的背景中去，而不是凌驾于生物圈之上。从这个角度看，可持续文明是行星漫长演化过程的衍生物。一个还没有文明出现的生物圈已经属于稀罕事物。从制造氧气的微生物到草原再到陆地巨型动物（如长毛猛犸），它们产生了一些新的东西，并将这些东西带进整个行星系统的正、负反馈机制中。洛夫洛克、琳恩·马古利斯和他们的盖亚理论给了我们一个重要启示：为了使系统保持稳定，生物圈可以演化出反馈机制。而一个由文明主导的可持续生物圈与这种情况并无区别。

弗拉基米尔·维尔纳德斯基在生物圈研究方面做出了开创性的工作之后，继续考虑了一颗行星通过他所称的“智能圈”“苏醒”的可能性。“智能圈”这个词源于希腊语，指的是环绕这颗行星的思想外壳，这是生物圈演化出来的一种后果，产生了能够思考并开发技术的物种。从地质到生命再到意识，在维尔纳德斯基看来，“智能圈”的出现是行星演化的下一个阶段。

五类行星可以看作已经演化到“智能圈”的行星。无处不在的无线网络可以看作地球“智能圈”的一个初级版本。因此，我们或许可以勾勒出拥有可持续文明的星球的基本轮廓。为了与生物圈达成一种共同演化的合作关系，一个技术文明必须让技术本身作为集体意识的产物，像一个意识网络一样发挥作用，促进文明和整个星球共同繁荣。

卡尔达舍夫量表研究的焦点是能量，将其视为主导行星演化的主要因素。除此之外，我们现在又通过恒星知道了关键的一点，即我们的地球下一步的行动。行星是一台不断演化的发动机。但是，从一类行星演变至四类行星，这些变革都是盲目的。它们不过是单纯的改变和单纯机械运动的结果，遵循的是物理、化学和生物演化定律。它们并没有一个目标。这些时期没有技术。

回想一下，盖亚理论遭到的最主要的批评之一是，它被理解为在暗示地球上的生命“想要”将地球推向某个方向。正是为了回应这些批评，盖亚理论慢慢发展成为争议较少的地球系统理论。在盖亚理论中，演化依然是没有目的的。但是，文明一旦出现并一路奔入自己版本的人类世时，这种盲目演化的时代就必须结束。

在最深层的意义上，五类行星代表盖亚理论的完成。它们将成为这样的星球，在那里行星作为整体有着一个演化方向，一个目标。这就是一个由文明主导的生物圈所指涉的内涵。文明在为自身持续性的生存而努力的过程中，把自身视为生物圈的一种表现形式，并会选择一个演化方向。

所以，我们不能让地球屈服在文明的脚下。相反，我们必须给它一个方案，我们必须成为促成地球自身觉醒的媒介。我们的文明形态必须成为能让地球进行思考、做出决定并主导其未来的一种方式。也许我们就这样告别了地球的宇宙童年时代。

前进之路

归根结底，我们所面临的状况是一个只具备 13 世纪思维的文明却要去面对 21 世纪的难题。今天，我们的文明所取得的成功是 1 万年前文明开创之初的人们所无法想象的。不过，这种成功带来的后果也将持续几个世纪。

在人类文明的历史长河之中，我们并不知道自己在宇宙中所处的真正位置，因此也并不了解在这颗行星自身演化的进程中自己的地位。但是现在通过科学，我们能够发现一个新的真相：地球不过是无数颗行星中的一颗，我们的存在并不是一次性的故事。现在我们能够且必须书写我们自己的故事，我们必须让这个故事超越文化、国家和政治，成为一个人类的故事。

可以非常肯定地说，我们并不是第一个戏剧性地改变地球气候的物种。此前也出现过这样的情形，我们也可以了解这个故事在过去是如何上演的。地球非常有可能并不是第一颗已经演化出文明的星球，利用我们所有的有关行星的认识，我们就能明白类似这样的故事（包括气候的变化）在过去也曾经上演过。

然而，人类世对其所在的行星来说意味着什么与对我们人类来说意味着什么是两回事。假如我们不做任何改变地继续使用化石燃料和人类世的其他能源，那么我们将把这颗行星推入一种令我们的这种复杂的全球化文明难以为继的境地。假如我们的文明暂时崩溃甚至永久性地消亡，没有人类的陪伴，地球将非常高兴地继续生存下去，它会轻轻松松地创造出这颗星球的另一个版本来。这样看来，其实我们应对气候变化和人类世瓶颈的迫切要求跟“拯救地球”并没有什么关系。我们进入人类世表明人类文明已经成为一股能够对行星产生影响的力量。我们必须讲述一个全新的人类故事，我们要根据这个新的故事来学习并采取行动。

本书通篇都是在用地球自身演化的小故事来呈现出这种新的宏大叙事。我们认识了一些英雄般的科学家，他们带领着我们登上了高峰，让我们能看得更远。他们中有弗兰克·德雷克、吉尔·塔特和尼古拉·卡尔达舍夫，正是他们不顾同行的嘲讽，将外星文明存在的问题纳入了严肃的科学研究范畴。通过他们的努力，我们开始以一种新的眼光看待生命和星空。还有一些像杰克·詹姆斯和史蒂文·斯奎尔斯那样的探险者驾驶着宇宙飞船来到太阳系中的其他星球。通过像罗伯特·哈珀勒这样的研究人员的工作，我们了解了适用于所有行星的气候变化和行星演化规律。还有像威利·丹斯加德这样的军职人员和科学家在格陵兰岛的冰天雪地中建造了“世纪营”，帮助我们更深入地了解地球气候的变化。唐纳德·坎菲尔德踏遍全世界只为揭开地球及生命的历史奥秘。将以上这些人的成果整合在一起，则靠的是弗拉基米尔·维尔纳德斯基、詹姆斯·洛夫洛克和琳恩·马古利斯的聪明才智。他们提升了我们的视野，让我们看到生命如何与其所在的行星共同合作，演化出一些更大、更复杂的东西。而对其他行星上的这些问题展开研究的则是米歇尔·马约尔、比尔·博鲁茨基、娜塔莉·巴塔利亚这些人。他们的工作回答了一个千年之问，而对这个问题的回答则让我们的夜空布满了无数个世界，充满了无限的可能性。最后要提到的就是卡尔·萨根，他几乎出现在每一个关键时刻，我们将这个新故事的出现归功于他的卓越才华。

科学已经给我们提供了一个新的愿景、一个新的模式以及一个新的故事，帮助我们在面对人类世的挑战时去发现一条新的前进之路。不过，只有当我们学会仔细聆听并将这个新的故事视为我们人类自己的真实故事时，我们才能找到出路。

现在人类到了该长大的时候。

本书的一个中心观点就是人类及其文明形态就像“宇宙中的青少年”，这也是卡尔·萨根所认识到的一个观点。我们很可能是诸多星球中唯一发展出文明的世界，这个文明获得了一种超越自身及其所在星球的力量。但是，就像青少年一样，我们还未成熟，还没有能力承担对自己以及未来的责任。

具备这种天体生物学的视野，是我们走向成熟、应对人类世挑战的第一步，也是关键的一步。这意味着我们应认识到我们人类及所创建的文明无非是地球不断演化的过程中的一个产物。任何行星上的任何文明都不过是其所在行星创造力的一种表现。我们和那些被我们称为“外星人”的东西毫无区别。

因此，我们的重心必须改变。“是我们引起了气候变化吗？”是时候将这个令人厌烦的追问抛在脑后了，同时我们也必须张开双臂去拥抱这个天体生物学的真相：“我们当然改变了气候。”我们创建了一个遍及全球的文明，我们还能期待别的事情发生吗？

不过，我们也应该认识到引起气候变化并不是我们有意为之。我们并不是这颗星球上的瘟疫，相反，我们就是这颗星球，至少我们就是这颗星球此时此刻的样子。但是谁也无法保证此后的 1000 年或 1 万年里这颗行星会干些什么。

作为地球的孩子，我们也是恒星的孩子。即便没有其他因素，仅人类世就可以让这一切变为现实，就像狂风肆虐中的呼啸和嘶鸣、沙漠荒原中令人窒息的酷热、深山野林中的寂静无声。在恒星光芒的指引下，它们向我们诉说着有关其他星球以及存在其他文明的可能性的故事。通过这些，我们就能学会选择什么样的途径走出青春期。只有这样，人类才能成熟，才可以实现我们所有的愿望和可能性。我们可以将人类世带进一个能够实现人类文明和地球可持续发展的新时代。最后，我们的故事其实还未开始，我们正站在星空下的十字路口，是准备融入星空中去还是准备失败？选择权在我们自己的手中。

致　谢

假如没有一些非常聪明和善良的人的支持（有时甚至是直接介入），这本书的出版是不可能完成的。我首先要感谢罗斯 – 尹代理公司的霍华德·尹，感谢他如此密切地与我合作，将这一概念的雏形发展成为一个连贯的体系，感谢他多年来在许多方面提供的帮助。诺顿公司的编辑马特威兰知道如何更清晰和更精确地在本书中把我的想法表达出来，和他一起工作是非常愉快的。他运用娴熟的技巧来指导本书的编辑，对此我表示深深的谢意。简而言之，他是一位伟大的编辑。我也非常感激诺顿公司的雷米·考利。在排版、文字编辑和图像处理的过程中，她的细致和周到是必不可少的。我也很幸运地拥有两位来自罗彻斯特大学的优秀本科生担任本书的助理与我一起工作。莫莉·费恩不知疲倦地进行信息核对，搜集相关的参考资料。爱丽丝·摩根忍受了一个月的煎熬，去查找图像的来源以及获得使用许可。他们两个都表现出了年轻学者的卓越才华。得到他们的帮助，我感到非常幸运。

对一名科学家来说，要写一些与自己所专攻的领域不完全匹配的主题，多少会有点忐忑不安。对我来说，这些主题不仅包括大气层的化学研究，而且包括我想在本书中进行探讨的令人拍手称绝的发现史。本书行文中出现的任何错误都由我来承担。在我力图精准地进行阐述的过程中，我也得到了很多科学家的帮助，感谢他们花费时间不吝赐教。华盛顿大学我所在实验室的同事伍迪·沙利文给书稿提出了很多宝贵意见，对他的帮助我无以言表。杰森·莱特通篇阅读了本书的初稿，他不仅让本书的叙述更加精确，而且启发我对大量有关外星文明的话题进行更加深入的思考。吉尔·塔特不仅给了我很多采访的机会，而且针对我的书稿提出了很多宝贵的意见。同样，我也非常感激唐纳德·坎菲尔德，感谢他就大气层的化学研究接受我的采访，以及他对地球科学这一章的评论。宾夕法尼亚的詹姆斯·卡斯汀和罗彻斯特大学的李·莫瑞也就气候和地球科学这一部分的内容提出了宝贵意见。罗伯特·哈珀勒抽出了宝贵的时间向我解释火星气候建模的历史，并对太阳系探索这一部分内容进行了点评。

我也非常感激索伦·葛莱森，他不厌其烦地向我讲述他作为童子军在“世纪营”中生活的经历。我同样感谢娜塔莉·巴塔利亚和比尔·博鲁茨基给了我面谈的时间。

还有很多需要感谢的人，他们向我提供了精神上的支持，并且陪伴着我。对我来说，罗伯特·平卡斯和保罗·格林在任何时候都会排在这份感谢名单的前面。我和罗彻斯特大学的同事也有很多非常难得的交流机会，他们是丹·沃森、埃里克·布莱克曼、艾丽斯·奎伦、埃里克·马梅杰克、朱迪·皮费尔和比尔·福雷斯特。同时，我也要感谢我的合作者在本书所阐述的一些方面所做的工作，他们是伍迪·沙利文、玛丽娜·阿尔伯蒂、阿克塞尔·克莱顿和乔纳森·卡罗尔·尼伦贝克。和艾文·汤姆森进行讨论既有趣又对我很有帮助。

我特别感谢 NPR 博客的联合创始人、合作者及朋友马塞洛·格莱塞，他给我提供了机会让我能在达特茅斯的交叉学科交流学院待上一段时间，这本书的部分内容就是在达特茅斯写的。谢谢你，马塞洛。

最后，感谢我的孩子萨迪和哈里森。我要特别感谢我的妻子阿兰娜·卡洪，假如没有她，一切都将没有意义。

参考文献

引言

[1] DURAND, JOHN D. Historical Estimates of World Population: An Evaluation, PSC Analytical and Technical Reports, 1974(10): table 2.

[2] Department of Economic and Social Afairs, Population Division. The World at Six Billion. New York: United Nations Secretariat, 1999.

[3] MANN PAUL, GAHAGAN LISA, GORDON MARK B. Tectonic Setting of the World's Giant Oil and Gas Fields, in Giant Oil and Gas Fields of the Decade, 1990-1999, ed Halbouty Michel T. Tulsa, OK: American Association of Petroleum Geologists, 2014.

[4] Department of Economic Afairs, Population Division. World Population Prospects: Key Findings and Advance Tables, 2015 Revision. New York: United Nations, 2015.

[5] International Air Transport Association. 2012 Annual Review, June 2012.

[6] MARGULIS LYNN. Gaia Is a Tough Bitch, in The Third Culture: Beyond the Scientific Revolution, ed Brockman John. New York: Simon and Schuster, 1995.

[7] ROBINSON KIM STANLEY. Aurora. New York: Orbit, 2015.

[8] University of Zurich. Great Oxidation Event: More Oxygen through

Multicellularity. Sciencedaily, January 17, 2013.
[9] European Space Agency. Greenhouse Effect, Clouds and Winds. Venus Express.
[10] KOSTAMA V-P, KRESLAVSKY M A, HEAD J W. Recent High Latitude Icy Mantle in the Northern Plains of Mars: Characteristics and Ages of Emplacement. Geophysical Research Letters, 2006, 33(11).
[11] MASON JOE, BUCKLEY MICHAEL. Cassini Finds Hydrocarbon Rains May Fill Titan Lakes. Cassini Imaging Central Laboratory for Operations, January 29, 2009.
[12] WATERS COLIN N, et al. The Anthropocene Is Functionally and Stratigraphically Distinct from the Holocene. Science, 2016, 351(6269).
[13] JAMIESON DALE. Reason in a Dark Time. New York: Oxford University Press, 2014.
[14] NASA Exoplanet Science Institute. Exoplanet and Candidate Statistics. NASA Exoplanet Archive.

第1章

[1] SNOW C P. The Physicists. Boston: Little Brown, 1981.
[2] LIGHTMAN ALAN. A Sense of the Mysterious: Science and the Human Spirit. New York: Vintage, 2006.
[3] JONES ERIC M. Where Is Everybody?: An Account of Fermi's Question. Los Alamos, NM: Los Alamos National Laboratory, 1985.
[4] Ibid.
[5] FERMI ENRICO. My Observations During the Explosion at Trinity on July 16,1945. fermat's Library.
[6] As astronomer Jason Wright puts it, "Astronomers stare at the sky professionally with some of the most sensitive equipment in the world. If UFOs were common, we would see them all the time. It strains credulity that armies of amateurs with cameras regularly see UFOs when the professionals with giant telescopes do not." Jason Wright,

"Astronomers and UFOs," Astro Wright, December 1, 2013.

[7] HART MICHAEL. An Explanation for the Absence of Extraterrestrials on Earth. Quarterly Journal of the Royal Astronomical Society, 1975(16): 128. Also see GRAY ROBERT H. The Fermi Paradox Is Neither Fermi's Nor a Paradox. Astrobiology, 2015, 15(3): 195-199.

[8] BRIN GLEN DAVID. The "Great Silence": The Controversy Concerning Extraterrestrial Intelligent Life. Quarterly Journal of the Royal Astronomical Society,1983, 24(3): 283-309. Also See ANNIS JAMES. An Astrophysical Explanation for the "Great Silence". Journal of the Bri- tish Interplanetary Society, 1999, 52: 19-22.

[9] HANSEN ROBIN. The Great Filter–Are We Almost Past It?. September 15,1998.

[10] LANGENBERG HEIKE. Slow Gulf Stream During Ice Ages?. Nature News, December 9, 1999.

[11] DOWD MATTHEW F. Fraction of Stars with Planetary Systems, f_p, pre 1961. in The Drake Equation, eds Vakoch DougLas A, Dowd Matthew F. New York: Cambridge University Press, 2015, 56.

[12] DICK STEVEN J. Plurality of Worlds: The Extraterrestrial Life Debate from Democritus to Kant. Cambridge: Cambridge University Press, 1984, 6.

[13] DICK. Plurality of Worlds: 26-27.

[14] Ibid.: 62.

[15] FONTENELLE DE BERNARD. Conversations on the Plurality of Worlds (1686). repr, London: J. Cundee,1803,112.

[16] DOWD. Fraction of Stars. 67; and Dick Steven J. Life on Other Worlds: The 20th-Century Extraterrestrial Life Debate. Cambridge: Cambridge University Press, 1998.

[17] VAKOCH DOUGLAS A. ed. Astrobiology, History, and Society: Life Beyond Earth and the Impact of Discovery. Berlin: Springer, 2013, 108.

[18] LOWELL PERCIVAL. Observations at the Lowell Observatory. Nature, 1907(76): 446.

[19] WHEWELL WILLIAM. Of the Plurality of Worlds(1853). repr, Chicago: University of Chicago Press, 2001, 207.
[20] WHEWELL. Plurality of Worlds: 204-205.
[21] WALLACE ALFRED RUSSEL. Mans Place in the Universe: A Study of the Results of Scientific Research in Relation to the Unity or Plurality of Worlds. London: Chapman and Hall, 1904.
[22] DOWD. Fraction of Stars: 67.
[23] CERCEAU FLORENCE RAULIN. Number of Planets with an Environment Suitable for Life, ne, Pre-1961. in The Drake Equation. ed. Vakoch Douglas A, Dowd Matthew F. New York: Cambridge University Press, 2015, 98.
[24] Natural Resources Defense Council. Global Nuclear Stockpiles, 1945-2006. Bulletin of the Atomic Scientists, 2006, 62(4): 64-66.
[25] PAPPAS STEPHANIE. Hydrogen Bomb vs. Atomic Bomb: What's the Difference?. Live Science, January 6, 2016.
[26] MITCHELL DON P. The R-7 Missile.
[27] GARBER STEVE. Sputnik and the Dawn of the Space Age. National Aeronautics and Space Administration. last modified October 10, 2007.
[28] DRAKE FRANK, SOBEL DAVA. Is Anyone Out There?. New York: Dela- corte Press, 1992, 5.
[29] DRAKE, SOBEL. Is Anyone Out There?: 27.
[30] DRAKE, SOBEL. Is Anyone Out There?: 8-12.
[31] DRAKE FRANK. A Reminiscence of Project Ozma. Cosmic Search, 1979, 1(1):10.
[32] GHIGO F. The Tatel Telescope. National Radio Astronomy Observatory.
[33] DRAKE. Reminiscence.
[34] PERCY JOHN R. The Nearest Stars: A Guided Tour. Astronomical Society of the Pacific,1986.
[35] DRAKE. Reminiscence.
[36] SETI Institute. Early SETI: Project Ozma, Arecibo Message.
[37] DRAKE. Reminiscence.

[38] Early SETI: Project Ozma.
[39] COCCONI GIUSEPPE, Morrison Philip. Searching for Interstellar Communications. Nature, 1959, 184(4690): 844-846.
[40] DRAKE, SOBEL. Is Anyone Out There?: 32.
[41] DRAKE, SOBEL. Is Anyone Out There?: 45-64.
[42] DRAKE, SOBEL. Is Anyone Out There?: 47.
[43] DRAKE, SOBEL. Is Anyone Out There?: 54.
[44] DRAKE, SOBEL. Is Anyone Out There?: 49.
[45] DRAKE, SOBEL. Is Anyone Out There?: 51.
[46] MASETTI MAGGIE. How Many Stars in the Milky Way?. Blueshift, July 22, 2015.
[47] FRED HOYLE. The Black Cloud. London: Heinemann, 1957.
[48] HUANG SHU-SHU. The Problem of Life in the Universe and the Mode of Star Formation. Publications of the Astronomical Society of the Pacific, 1959, 71(422): 421-424.
[49] MILLER STANLEY L. A Production of Amino Acids under Possible Primitive Earth Conditions. Science, 1953, 117(3046): 528-529.
[50] DRAKE, SOBEL. Is Anyone Out There?: 61.
[51] DRAKE, SOBEL. Is Anyone Out There?: 62.
[52] DRAKE, SOBEL. Is Anyone Out There?: 52.
[53] DRAKE, SOBEL. Is Anyone Out There?: 62.
[54] DRAKE, SOBEL. Is Anyone Out There?: 64.
[55] JAMIESON. Reason, 20.
[56] The Television Infrared Observation Satellite Program (TIROS). NASA Science, May 22, 2016.

第2章

[1] O'DONNELL FRANKLIN. The Venus Mission: How Mariner 2 Led the World to the Planets. Jet Propulsion Laboratory website.
[2] WILLIAMS DAVID R. Chronology of Lunar and Planetary Exploration. Goddard Space Flight Center, last modified August 8, 2017.

[3] WILLIAMS DAVID R. Venus Fact Sheet. Goddard Space Flight Center, last modifed December 23,2016.
[4] O'DONNELL. The Venus Mission.
[5] LARRY KLAES. Remembering the Early Robotic Explorers. Centauri Dreams: Imagining and Planning Interstellar Explonation. August 29, 2012.
[6] O'DONNELL. The Venus Mission.
[7] O'DONNELL. The Venus Mission.
[8] WILLIAMS. Venus Fact Sheet.
[9] SHEEHAN WILLIAM, WESTFALL JOHN EDWARD. The Transits of venus. Amherst, NY: Prometheus Books, 2004, 213.
[10] Ibid.
[11] MAROV MIKHAIL YA. Mikhail Lomonosov and the Discovery of the Atmosphere of Venus During the 1761 Transit. Transits of Venus: New Views of the Solar System and Galary, Proceedings of the 196th Colloquium of the International Astronomical Union, ed Kurtz D W. Cambridge: Cambridge University Press, 2004.
[12] TAYLOR F W, HUNTEN D M. Venus Atmosphere. Encyclopedia of the Solar System, 3rd ed, eds Spohn Tilman, Breuer Doris, Johnson V Torrence. Amsterdam: Elsevier, 2014.
[13] MAYER C H, MCCULLOUGH T P. Sloanaker R M. Observations of Venus at 3.15 cm Wave Length. Astrophysical Journal, 1958, 127(1):1-10.
[14] ULIVI PAOLO, HARLAND DAVID M. Robotic Exploration of the Solar System: Part 1, The Golden Age, 1957-1982 Berlin: Springer, 2007, xxxi.
[15] Ibid., xxxii.
[16] Planetary Temperatures. Australian Space Academy.
[17] DAVIDSON KEAY. Card Sagan: A Life. New York: Wiley, 1999: 39-56.
[18] SPANGENBURG RAY, MOSER KIT. Card Sagan: A Biography. Westport CT: Greenwood, 2004:11-29.
[19] LANG KENNETH R. Global Warming: Heating by the Greenhouse

Effect. NASA's Cosmos, 2010.

[20] SHARP TIM. What Is the Temperature on Earth?. September 28, 2012.

[21] TAYLOR F W. Planetary Atmospheres. Oxford: Oxford University Press, 2010, 12.

[22] ARRHENIUS SVANTE. On the Influence of Carbonic Acid in the Air upon the Temperature of the Ground. Philosophical Magazine and journal of Science, 1896, 41(251): 237-276.

[23] WEART SPENCER. The Carbon Dioxide Greenhouse Effect. The Discovery of Global Warming, January 2017.

[24] SPANGENBURG, MOSER. Car Sagan: 36-38.

[25] DAVIDSON. Carl Saga.

[26] O'DONNELL. The Venus Mission.

[27] TONY REICHHARDT. The First Planetary Explorers. Air and Space Magazine, December 14, 2012.

[28] O'DONNELL. The Venus Mission.

[29] SIDDIQI ASIF A. Deep Space Chronicle: A Chronology of Deep Space and planetary Probes 1958-2000. Washington, DC: National Aeronautics and Space Administration, 2002.

[30] TAYLOR. Planetary Atmospheres: 113-115.

[31] Ibid.: 114-124.

[32] DENTON MICHAEL. The Cold Trap: How It Works. Evolution News and Science Today, May 10, 2014.

[33] DAVIDSON. Carl sagan.

[34] SPANGENBURG, MOSER. Carl Sagan: 34-65.

[35] "Mars Exploration Rovers: Step-by-Step Guide to Entry, Descent, and Landing," Jet Propulsion Laboratory.

[36] SQUYRES STEVEN W. Roving Mars Spirit, Opportunity, and the Exploration of the Red Planet. New York: Hyperion, 2005: 292-293.

[37] ULIVI, HARLAND. Robotic Exploration. xxxiii-xxxiv.

[38] VAKOCH. Astrobiology History and Society: 108.

[39] SHEEHAN WILLIAM. The Planet Mars: A History of Observation and Discovery. Tucson, AZ: University of Arizona Press, 1996.

[40] SHEEHAN. Planet Mars.
[41] PYLE ROD. Alone in the Darkness: Mariner 4 to Mars, 50 Years Later. California Institute of Technology, July14, 2015.
[42] The Dead Planet. New York Times, July 30,1965.
[43] ULIVI, HARLAND. Robotic Exploration: 108-112.
[44] ULIVI, HARLAND. Robotic Erploration: 114-116.
[45] ELIZABETH HOWELL. Mariner 9: First Spacecraft to Orbit Mars. November 12, 2012.
[46] Welcome to the Planets. Jet Propulsion Laboratory.
[47] DAVIDSON. Carl Sagan: 279-280.
[48] WILLIAMS DAVID R. Viking Mission to Mars. Goddard Space Flight Center. last modified September 5, 2017.
[49] Overview: The Mars Exploration Program. National Aeronautics and Space Administration.
[50] HABERLE ROBERT. interview with the author, March 20, 2017.
[51] The History of Mars General Circulation Model. Mars Climate Modeling Center.
[52] HABERLE. interview.
[53] WILLIAMS. Viking Mission to Mars.
[54] WILLIAMS. Viking Mission to Mars.
[55] HAYES DEREK. Historical Atlas of the Pacific Northwest. Vancouver, BC: Douglas and McIntyre, 2001.
[56] PERSSON ANDERS. Hadley's Principle: Part 1-A Brainchild with Many Fathers. Weather, 2008, 63(11): 335-338.
[57] WILLIAMS DAVID R. Mars Fact Sheet. Goddard Space Flight Center, last modified December 23, 2016.
[58] HABERLE. interview.
[59] GUTRO ROB. Polar Vortex Enters Northern U.S. Goddard Space Flight Center, 2014.
[60] DATTARO LAURA. Check the Weather on Mars. Where NASA'S MAVEN Is Headed. Weather Channel, November 19, 2013.
[61] INGERSOLL ANDREW P. Planetary Climates. Princeton, NJ: Princeton

University Press, 2013: 96-106.
[62] National Aeronautics and Space Administration. Minerals in Mars "Berries" adds to Water Story. news release, March 18, 2004.
[63] National Aeronautics and Space Administration. NASA Rover Finds Old Streambed on Martian Surface. news release, September 27, 2012.
[64] CARR MICHAEL H, HEAD Ⅲ JAMES W. Geologic History of Mars. Earth and Planetary Science Letters, 2010, 294(3-4):185-203.

第3章

[1] Earth's Early Atmosphere. Astrobiology Magazine, December 2, 2011.
[2] LESKOVITZ FRANK J. Camp Century, Greenland: Science Leads the Way.
[3] LESKOVITZ. Camp Century.
[4] LESKOVITZ. Camp Century.
[5] MCKINNEY LEON E. Camp Century Greenland.
[6] Robin Gordon de Q. Profile Data, Greenlannd Region. in The Climate Record in Polar Ice Caps, ed Robin Gordon de Q. (1983). repr, Cambridge: Cambridge University Press, 2010: 100-101.
[7] GALE JOSEPH. Astrobiology of Earth: The Emergence, Evolution, and Future of Life on a Planet in Turmoil. Oxford: Oxford University Press, 2009: 125-126.
[8] SCHLEE JOHN S. Our Changing Continent. United States Geological Survey, last modified February 15, 2000.
[9] GALE. Astrobiology of Earth, 125.
[10] DANSGAARD WILLI. Frozen Annals: Greenland Ice Cap Research. Copenhagen: Niels Bohr Institute, 2005: 55-56.
[11] Ibid.: 58.
[12] DANSGAARD W, JOHNSEN S J, MOLLER J, LANGWAY JR C C. One Thousand Centuries of Climate Record from Camp Century on the Greenland Ice Sheet. Science, 1969,166(3903): 377-380.
[13] Manned Spacecraft Center. Apollo 8 Onboard Voice Transcription,

As Recorded on the Spacecraft Onboard Recorder (Data Storage Equipment). 1969: 113-114.

[14] COHEN K M, FINNEY S, GIBBARD P L. International Chronostratigraphic Chart. International Commission on Stratigraphy, January 2013.

[15] ZABLUDOFF ANN. Lecture 13: The Nebular Theory of the Origin of the Solar System. University of Arizona Department of Astronomy and Steward Observatory.

[16] GOLDBLATT C, ZAHNLE K J, SLEEP N H, NISBET E G. The Eons of Chaos and Hades. Solid Earth Discussions I, 2010(1): 1-3.

[17] Ibid.

[18] THOMAS HOLTZ. GEOL 102 Historical Geology: The Archean Eon. University of Maryland Department of Geology, last modified January 18, 2017.

[19] AWRAMIK STANLY M, MCNAMARA KENNETH J. The Evolution and Diversification of Life. in Planets and Life: The Emerging Science of Astrobiology, eds by Sullivan Ⅲ R Woodruff, Baross John A. Cambridge: Cambridge University Press, 2007: 313-316.

[20] AWRAMIK STANLEY M, MCNAMARA KENNETH J. The Evolution and Diversification of Life. in Planets and Life: The Emerging Science of Astrobiology, eds Sullivan Ⅲ R Woodruff, Baross John A. Cambridge: Cambridge University Press, 2007: 313-318.

[21] LI Z X, et al. Assembly, Configuration, and Breakup History of Rodinia: A Synthesis. Precambrian Research, 2008, 160: 179-210.

[22] CATLING DAVID, KASTING JAMES F. Planetary Atmospheres and Life. in Planets and Life: The Emerging Science of Astrobiology, eds by Sullivan Ⅲ R Woodruff, Baross John A. Cambridge: Cambridge University Press, 2007: 99.

[23] AWRAMIK, MCNAMARA. Evolution and Diversification. 321.

[24] CANFIELD DONALD E. Oxygen: A Four Billion Year History. Princeton,NJ: Princeton University Press, 2014: 145-146.

[25] PETM:Global Warming Natural. Weather Underground.
[26] CANFIELD. Oxygen: 13.
[27] CANFIELD. Oxygen: 14.
[28] Opening a Tectonic Zipper. Seismo Blog (UC Berkeley Seismology Lab), April 5, 2010.
[29] CANFIELD. Oxygen: 14.
[30] CANFIELD. Oxygen: 14.
[31] CANFIELD. Oxygen: 41.
[32] CANFIELD. Oxygen: 41.
[33] GALE. Astrobiology of Earth: 110-111.
[34] CANFIELD. Oxygen: 41-42.
[35] CATLING DAVID C. Astrobiology: A Very Short Introduction. Oxford: Oxford University Press, 2013: 50-55.
[36] CATLING. Astrobiology: 52.
[37] GHILAROV ALEXEJ M. Vernadsky's Biosphere Concept: An Historical Perspective. Quarterly Review of Biology, 1995, 70(2): 193-203.
[38] TRUBETSKOVA IRINA. Vladimir Ivanovich Vernadsky and His Revolutionary Theory of the Biosphere and the Noosphere. University of New Hampshire.
[39] GHILAROV. Vernadsky's Biosphere Concept.
[40] VERNADSKY VLADIMIR. The Biosphere, trans Langmuir David B. New York: Copernicus, 1998: 44, 56.
[41] GHILAROV. Vernadsky's Biosphere Concept.
[42] LOVELOCK JAMES. Homage to Gaia: The Life of an Independent Scientist. New York: Oxford University Press, 2000.
[43] LOVELOCK. Homage to Gaia: 242.
[44] LOVELOCK. Homage to Gaia: 243.
[45] LOVELOCK. Homage to Gaia: 243.
[46] LOVELOCK. Homage to Gaia: 243-244.
[47] LOVELOCK. Homage to Gaia: 253.

[48] LOVELOCK. Homage to Gaia: 255.
[49] HAGEN JOEL BARTHOLOMEW, ALLCHIN DOUGLAS, SINGER FRED. Doing Biology. New York: HarperCollins, 1996.
[50] LOVELOCK. Homage to Gaia: 256-257.
[51] RUSE MICHAEL. Earth's Holy Fool?. Aeon.
[52] POSTGATE JOHN. Gaia Gets Too Big for Her Boots. New Scientist, April 7, 1988.
[53] RUSE. Earth's Holy Fool?.
[54] LOVELOCK. Homage to Gaia, 265.
[55] RUSE. Earth's Holy Fool?.

第4章

[1] This section on Thomas See is based on information found in Thomas J. Sherrill. A Career of Controversy: The Anomaly of T.J.J. See. Journal for the History of Astronomy,1999, 30 (1): 25-50, and Sheehan William. The Tragic Case of T. J.J. See. Mercury, 2002, 31 (6): 34.
[2] Personal correspondence.
[3] AMY VELTMAN. Dr.Jill Tarter: Looking to Make "Contact". November 12,1999.
[4] JILL TARTER. SETI Institute.
[5] JILL TARTER. interview with the author.
[6] BILLINGHAM JOHN. SETI: The NASA Years. in Searching for Extraterrestrial Intelligence: SETI Past, Present, and Future, ed Shuch H. Paul. Berlin: Springer, 2011: 70.
[7] GREENSTEIN JESSE L, BLACK DAVID C. Detection of Other Planetary Systems. in The Search for Extraterrestrial Intelligence: SETI, ed Morrison Philip, Billingham John, Wolfe John. Washington, DC: NASA Scientific and Technical Information Office, 1977.
[8] GREENSTEIN, BLACK. Detection.
[9] TARTER. interview.
[10] BLACK DAVID C, BRUNK WILLIAM E. An Assessment of Ground-

Based Techniques for Detecting Other Planetary Systems, Volume 1: An Overview. Moffett Field, CA: National Aeronautics and Space Administration, 1979: 18.

[11] LEMONICK MICHAEL D. Mirror Earth: The Search for Our Planet's Twin. New York: Walker, 2012: 55.

[12] LEMONICK. Mirror Earth.

[13] LEMONICK. Mirror Earth: 52-53.

[14] LEMONICK. Mirror Earth: 58.

[15] LAWLER ANDREW. Bill Borucki's Planet Search. Air and Space, May 2003.

[16] Ibid.

[17] Ibid.

[18] BORUCKI WILLIAM J, et al. Kepler Planet-Detection Mission: Introduction and First Results. Science, 2010, 327(5968): 977-980.

[19] Liftoff of Kepler: On a Search for Exoplanets in Some Way Like Our Own. National Aeronautics and Space Administration, March 6, 2009.

[20] BATALHA NATALIE. interview with the author.

[21] JOHNSON MICHELE. NASA's Kepler Mission Announces a Planet Bonanza, 715 New Worlds. National Aeronautics and Space Administration, February 26, 2014.

[22] Exoplanet Anniversary: From Zero to Thousands in 20 Years. Jet Propulsion Laboratory, October 6, 2015.

[23] BATALHA. interview.

[24] Star: KOI-961–3 PLANETS. Extrasolar Planets Encyclopaedia.

[25] BILLINGS LEE. Newfound Super-Earth Boosts Search for Alien Life. Scientific American, April 19, 2017.

[26] HALL SHANNON. This Super-Saturn Alien Planet Might Be the New "Lord of the Rings". February 3,2015.

[27] FAZEKAS ANDREW. Diamond Planet Found–Part of "Whole New Class"?. National Geographic, October 13, 2012.

[28] Hubble Finds a Star Eating a Planet. Hubble Space Telescope, May 20, 2010.

[29] SAINTONGE AMELIE. How Many Stars Are Born and Die Each Day?. Ask An Astronomer, last modified June 27, 2015.
[30] WALL MIKE. Nearly Every Star Hosts at Least One Alien Planet. March 4, 2014.
[31] SANDERS ROBERT. Astronomers Answer Key Question: How Common Are Habitable Planets?. University of California, Berkeley, November 4, 2013.
[32] ANDERSEN ROSS. Fancy Math Can't Make Aliens Real. Atlantic, June 17, 2016.
[33] FRANK ADAM. Yes, There Have Been Aliens. New York Times, June 10, 2016.
[34] ERNST MAYR. Can SETI Succeed? Not Likely. The Planetary Society.
[35] CARTER BRANDON. The Anthropic Principle and its Implications for Biological Evolution. Philosophical Transactions of the Royal Society, 1983, A310 (1512): 347-363.
[36] LIVIO MARIO. How Rare Are Extraterrestrial Civilizations, and When Did They Emerge? . The Astrophysical Journal, 1999, 511(1): 429-431.
[37] YOCKEY HUBERT P. A Calculation of the Probability of Spontaneous Biogenesis by Information Theory. Journal of Theoretical Biology,1977, 67 (3):377-398.
[38] WENTAO MA, et al. The Emergence of Ribozymes Synthesizing Membrane Components in RNA-Based Protocells. Biosystems, 2010, 99(3):201-209.

第5章

[1] BAINS WILLIAM. Many Chemistries Could Be Used to Build Living Systems. Astrobiology, 2004, 4(2): 137-167.
[2] HAAS J R. The Potential Feasibility of Chlorinic Photosynthesis on Exoplanets. Astrobiology, 2010, 10(9): 953-963.
[3] DULCIC J, SOLDO A, JARDAS I. Adriatic Fish Biodiversity and Review of Bibliography Related to Croatian Small-Scale Coastal

Fisheries.
[4] KINGSLAND SHARON. Modeling Nature: Episodes in the History of Population Ecology. Chicago: University of Chicago Press, 1985: 106.
[5] DAVIS PHILIP J. Carissimo Papa: A Great Fish Story. SIAM News, 2005, 38(8).
[6] KINGSLAND. Modeling Nature: 4.
[7] KOT MARK. Elements of Mathematical Ecology. Cambridge: Cambridge University Press, 2001: 11.
[8] KINGSLAND. Modeling Nature: 109.
[9] KINGSLAND. Modeling Nature: 106-115.
[10] KINGSLAND. Modeling Nature: 1.
[11] RULL V. Natural and Anthropogenic Drivers of Cultural Change on Easter Island: Review and New Insights. Quaternary Science Reviews, 2016, 150:31-41.
[12] RULL. Natural and Anthropogenic Drive.
[13] DÄNIKEN ERICH VON. Chariots of the Gods?(1968; New York: Putnam, 1970).
[14] DIAMOND JARED. Collapse: How Societies Choose to Fail or Succeed. New York: Viking, 2005.
[15] BRANDER JAMES A, TAYLOR M SCOTT. The Simple Economics of Easter Island: A Ricardo-Malthus Model of Renewable Resource Use. American Economic Review, 1998, 88(1): 119-138.
[16] BASENER BILL, ROSS DAVID S. Booming and Crashing Populations and Easter Island. SIAM Journal on Applied Mathematics, 2004, 65,(2):684-701.
[17] FRANK ADAM, SULLIVAN WOODRUFF. Sustainability and the astrobiological perspective. Anthropocene,2014, 5:32.
[18] ADAM FRANK. Could You Power Your Home With a Bike?. NPR, December 8,2016.
[19] BAUM RUDY M. Future Calculations: The First Climate Change Believer. Distillations, Summer 2016.

[20] MILLER L, GANS F, Kleidon A. Estimating Maximum Global Land Surface Wind Power Extractability and Associate Climatic Consequences. Earth System Dynamics, 2011, 2: 112.

第6章

[1] ALBERTI MARINA. Cities That Think Like Planets. Seattle: University of Washington Press, 2016.

[2] DRAKE, SOBEL. Is Anyone Out There?.

[3] DRAKE, SOBEL. Is Anyone Out There?. Also, First Soviet-American Conference on Communication with Extraterrestrial Intelligence. Icarus, 1972, 16(2):412.

[4] KELLERMANN KENNETH I. Nicolay Kardashev. National Radio Astronomy Observatory.

[5] KARDASHEV NIKOLAI. Transmission of Information by Extraterrestrial Civilizations. Soviet Astronomy, 1964, 8(2): 217; and Cirkovic Milan M. Kardashev's Classification at 50+: A Fine Vehicle with Room for Improvement. Serbian Astronomical Journal, 2015, 19:1-15.

[6] Energy of a Nuclear Explosion. The Physics Factbook.

[7] DYSON FREEMAN J. Search for Artificial Stellar Sources of Infared Radiation. Science, 1960, 131(3414): 1667-1668.

[8] WRIGHT J T, GRIFFITH R L, SIGURDSSON S, POVICH M S, MULLAN B. The Ĝ Infrared Search for Extraterrestrial Civilizations with Large Energy Supplies, Ⅱ. Framework, Strategy, and First Result. Astrophysi-cal Journal, 2014, 792(1):27.

[9] CIRKOVIC. Kardashev's Classification.

[10] SAGAN CARL, Carl Sagan's Cosmic Connection: An Extraterrestrial Perspective. ed Agel Jerome. Cambridge: Cambridge University Press, 2000.

[11] KAKU MICHIO. The Physics of Extraterrestrial Civilizations.

[12] ASIMOV ISAAC, Foundation. New York: Gnome Press, 1951.

[13] WILLIAMS MATT. What is the Weather Like on Mercury?. Universe Today, July 24, 2017.

[14] KALTENEGGER L, SASSELOV D. Detecting Planetary Geochemical Cycles on Exoplanets: Atmospheric Signatures and the Case of SO_2. Astrophysical Journal, 2010, 708(2): 1162-1167; and KASTING J E, CANFIELD D E. The Global Oxygen Cycle. in Fundamentals of Geobiology. ed KNOLL A H, CANFIELD D E, KONHAUSER K O. Hoboken,NJ: Wiley-Blackwell, 2012: 93-104.

[15] FRANK ADAM, Keidon Axel, Alberti Marina. Earth as a Hybrid Planet: The Anthropocene in an Evolutionary Astrobiological Context. Anthropocene (forthcoming).

[16] CANFIELD DONALD. The Early History of Atmospheric Oxygen. Annual Review of Earth and Planetary Sciences, 2005, 33:1-36.

[17] STAVRINIDOU ELENI, GABRIELSSON ROGER, GOMEZ ELIOT, CRISPIN XAVIER, NILSSON OVE, SIMON DANIEL T, BERGGREN MAGNUS. Electronic Plants. Science Advances, 2015,1(10).